纺织服装高等教育"十四五"部委级规划教材

时装画

快速
表现技法

马建栋　张馨月 ◎ 著

东华大学 出版社

·上海·

图书在版编目（CIP）数据

时装画快速表现技法 / 马建栋, 张馨月著. —上海:
东华大学出版社, 2022.9
ISBN 978-7-5669-2112-3

Ⅰ.①时… Ⅱ.①马… ②张… Ⅲ.①时装－绘画技
法 Ⅳ.①TS941.28

中国版本图书馆CIP数据核字(2022)第171926号

责 任 编 辑：徐建红
装 帧 设 计：唐　棣

出　　　　版：东华大学出版社（地址：上海市延安西路1882号　邮编：200051）
本 社 网 址：dhupress.dhu.edu.cn
天猫旗舰店：http://dhdx.tmall.com
销 售 中 心：021-62193056　62373056　62379558
印　　　　刷：上海盛通时代印刷有限公司
开　　　　本：889mm×1194mm　1/16
印　　　　张：13
字　　　　数：450千字
版　　　　次：2022年9月第1版
印　　　　次：2024年8月第2次
书　　　　号：ISBN 978-7-5669-2112-3
定　　　　价：98.00元

前言 Foreword

时装画是以绘画作为表现手段，通过不同的绘画形式和艺术手法来体现服装的整体造型设计和氛围美感的一种艺术表现形式。从设计的角度来看，时装画是展现设计想法的一种途径，好的时装画既能准确地表现设计细节，又具有很强的艺术性和审美价值。

手绘时装画是最能够直接记录设计师灵感的形式，时装设计大师们也往往采用手稿的方式展开设计工作。在专业院校，手绘时装画是服装设计专业学生们的必修课，也是未来的设计师们必须具备的专业技能，优秀的手绘功底会为日后的服装设计工作提供极大的便利。

本书从基础开始讲解，旨在帮助读者了解时装画、认识时装画，进而掌握手绘时装画这门技能，让毫无手绘功底的零基础学习者也能轻松学习。本书采用单元式的结构，引导学习者逐一掌握时装画学习中的重要内容和关键知识，其中包括时装画人体的表现、五官与发型的表现、不同工具的绘制技法、综合材质的运用等。对于时装画学习中的一些难点，如褶皱的绘制、服装体积感的呈现、色彩的搭配与图案的应用、配饰的选择等，都有专门的解析。在本书的最后，对手绘时装画如何应用进行了阐述。

这本书是我的第一本时装效果图书籍，涵盖了近五年的时装画作品，其中包括马克笔、水彩、彩铅、综合技法等绘画形式，是我自硕士起多年学习、工作的经验总结，是一个阶段性的记录。本书有较强的可操作性和实践性，值得服装设计专业学生和广大服装设计爱好者学习参考。

张馨月

Contents 目录

05 时装画快速表现的应用

04 用水彩快速表现服装面料

01

时装画
入门

1.1 时装画的初步探索

时装画的重要作用

时装画是以时装为表现主体的绘画形式，将服装设计构思以写实或适当夸张的手法表现出来。绘画者通过自身的审美修养，以艺术化的手法呈现出服装、着装者和时代环境之间的关系。

时尚行业是一个庞大复杂的领域，合格的服装设计师应该是一个"杂家"，需要具备扎实的专业知识、广阔的视野、足够的时尚敏锐度和协调监督设计流程的能力。对于服装设计的初学者或是初入行业的年轻人而言，面对需要学习的海量内容可能会经历一个较为迷茫的阶段。大多数初学者会选择从学习时装画入手，这是一个较好的切入口。如果将设计师繁杂的工作进行简化，可以将其划分为两个阶段：一是构思和设计，二是将设计实物化，而时装画就是位于这两个阶段之间的关键节点。

如果仅有创意想法和设计思维，设计就只能存在于自己的头脑中，别人是无法了解的，即便是通过口述来表达，也仍然理解模糊或是产生歧义，尤其在设计方案较为复杂时就更是如此。因此，设计师必须要通过"物化"的方式，将原本抽象化的思维转化为具象的形式。在服装设计中，"物化"的方式也有两种，一是绘制时装画，二是用面料制作成衣来直接表达设计构思。考虑到时间、专业技术、成本等诸多因素，时装画成为设计师传达脑海中设计意图最明确、最有效、最经济实惠的方式，还能够起到沟通设计师、版师和客户的桥梁作用，保证设计工作顺利展开。因此，能否熟练绘制时装画也是衡量设计师专业能力的重要标准之一。

怎样学习时装画

时装画的学习不是一蹴而就的，需要大量的练习和经验的积累。最开始可能会觉得无从下笔，但是只要鼓起勇气，按部就班地学习一段时间后，你会发现运用一些简单的绘画原理，就能够绘制出较好的画作。

▼ 制定明确的学习目标和学习进度

具有再高天赋的人学习绘画也需要一个循序渐进的过程，因此首先要保持一个良好的心态。如果进展不太顺利或遇到瓶颈，切忌出现焦躁的情绪，也不要轻言放弃，而是要查找自己的不足，将基础夯实，一步一个脚印地前进。

在学习过程中，你可以制定长期目标和短期目标。长期目标是形成技法纯熟且有自己风格的时装画。短期目标则可以将学习目标区块化、单元化，然后在一定的时间内集中突破。例如：控笔练习，可以通过使用不同画材来勾线、训练笔触变化等来完成；人体练习，将人体基本比例和结构熟记于心，绘制各种人体动态，找到动态变化的规律；褶皱练习，不仅要掌握各种褶皱产生的规律，还要表现出不同质感面料所产生的褶皱差异性等。一个阶段解决一个问题，然后再融会贯通，你会发现进步和转变已经在不知不觉中到来。

另外，还有一个小建议，即选择自己能够掌控的学习方式。有人觉得每天留出40分钟到1小时来进行练习，会在短期有明显进步；有的同学则是每一周或每半个月，集中一整天来进行练习，这样既能

从时装画到成衣，设计师的创意在纸面上清晰呈现后，再转换为真实的服装。

作者较为早期的时装画作品（左）与近期的时装画作品（右），两者相比能看到明显的进步。

保持新鲜感，又能保证练习的频率。不论采用何种方式，只要能够坚持下来，就能达到从量变到质变的效果。

▼ 掌握一些造型和色彩的基本知识

时装画技法的侧重点是人物和服装，但对于没有绘画基础的初学者而言，需要掌握一些基础的绘画知识。这并非说要从素描等基础课程开始练习，而是要对重要的原理有较为充分的了解。

大部分时装画所表现的人物和服装都是立体的，这就需要学习者具备造型知识。例如：想要通过亮面、暗面、明暗交界线、反光面、投影等塑造出体积感，就要理解"面"与光影的关系；想要塑造空间层次，就要明白透视和"虚实"关系等。即便有些时装画采用平面装饰的画法，创作者也要了解"线"与"面"的关系。

色彩知识包括调色技法和配色理论。调色技法是指在绘画材料有限的情况下，怎样调出丰富多彩的颜色。即使是像马克笔这样本身混色能力较弱的工具，只要应用得当，也能表现出层次非常丰富的色彩。配色理论知识也是必不可少的，除了服装本身的色彩搭配以外，服装和配饰间的色彩关系、采用什么颜色的背景来烘托画面等，都需要创作者对色彩知识有一定了解。

当然，所有的绘画原理都不是金科玉律，在学习的过程中学习者也不应该被原理或技法所束缚，而是要吸收各种绘画原理和技法，使其最终能为己所用。

西班牙时装画家阿图罗·埃琳娜（Arturo Elena）的作品（左图）与澳大利亚时装画家凯丽·史密斯（Kelly Smith）作品的（右图），这些优秀的作品都可以作为临摹范本。

▼ 写生和临摹

对于任何绘画种类而言，写生和临摹都是行之有效的方法。写生是面对实物对象进行绘制，而临摹是模仿别人已经完成的作品。从临摹入手会相对简单，因为已经完成的画作其实已经经过了加工，创作者通过归纳和概括，将三维的实物对象转换成了二维平面的形式，使其呈现出一种较为理想的画面状态，构图、线条、色彩、造型等都已经固定下来。而写生无疑难度较高，对绘画者的观察能力、思维方式、归纳概括能力、个人审美甚至是创造能力都有较高的要求，写生要求绘画者独立地处理画面。

对初学者而言，临摹也有一定的方法。首先是画"像"，即尽量准确地模拟出范本的内容，这既是对技术的学习，也是对观察能力的训练。然后是分析临摹对象所使用的技法，笔触如何变化、人体怎样夸张或省略、色彩如何提取、服装的结构怎样呈现得更清晰、面料质感怎么体现、绘画工具的特性怎样发挥出来等，一边思考一边临摹，这样有助于初学者更快掌握绘画的要领。最后是对绘画风格的借鉴，每个人都应该形成自己的绘画风格，但在你还不确定自我风格之前，可以通过临摹来帮助自己进行探索。

临摹学习进展到何种程度才可以开始进行写生练习呢？这一点因人而异。可以在通过临摹积累了一定的技巧和方法后再开始写生；也可以从临摹入手，掌握一些基本技法后就开始写生，然后两者交替进行；还可以将临摹的画作和写生的画作进行对比，找到自己的不足。

临摹秀场图、街拍等照片是时装画学习最为常见的方法之一。照片将立体的对象进行了一定程度上的平面处理，但保留了很多真实的细节，既减少了写生的难度，又需要绘制者凭借自己的理解，灵活运用绘画技巧去处理画面。

不论采用怎样的方法，只要你不断思考，勤加练习，就一定能够熟练驾驭时装画这种表达设计理念的通用语言。

根据秀场图绘制的时装画，采用的是一种半写生、半临摹的方法。

1.2 时装画人体基础

时装画中的人体比例

人体是时装画的基础,设计师的创意不论怎么天马行空,最终都要转换成可穿着的服装,因此了解人体的比例和结构,能够熟练绘制出准确、优美的人体对设计师而言是至关重要的。绘制人体的第一步是掌握正确的比例关系。与常规的人体不同,时装画中采用的人体比例是经过美化后的理想人体比例,是接近3:5和5:8的黄金分割——以腰线为界,上半身三头长,下半身五头长。考虑到时装画在绘制时会对服装廓形或款式特点进行适当地夸张,可以将下半身再适当加长,以符合视觉美感,因此时装画中最常采用的是8.5头身或9头身的比例关系。

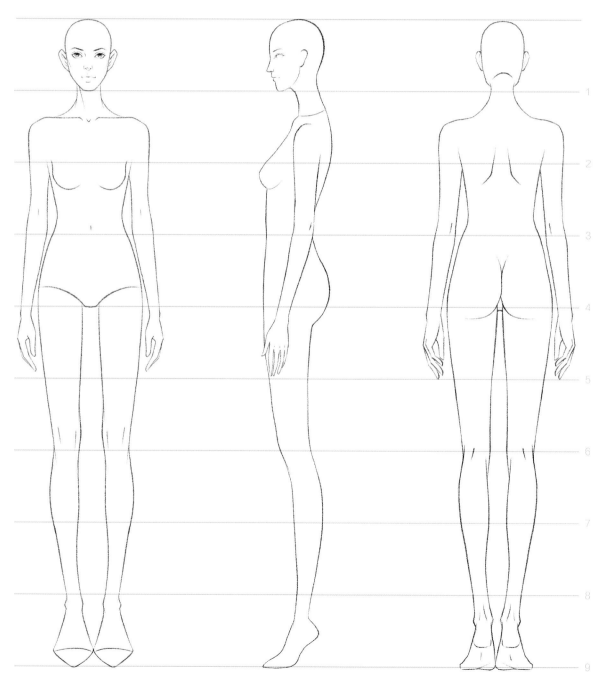

· 女人体的基本比例

　　除了长度上的比例关系，宽度上同样存在着相应的比例关系，最主要的是肩宽、腰宽和大转子宽度之间的比例。男女人体间的体型差异也主要表现在肩、腰、臀三处的宽度比例上——女性通过削肩、细腰、丰臀展现出优雅的曲线美，而男性则通过宽肩、窄胯的倒三角形体型体现出力量感。

　　除此以外，头的长度与宽度、肩的倾斜度、手臂的长度、手肘的位置、膝盖的位置、手和脚的长度等，都有相应的比例关系，在表现人体时，只要遵循这些比例关系，就能绘制出匀称的人体。

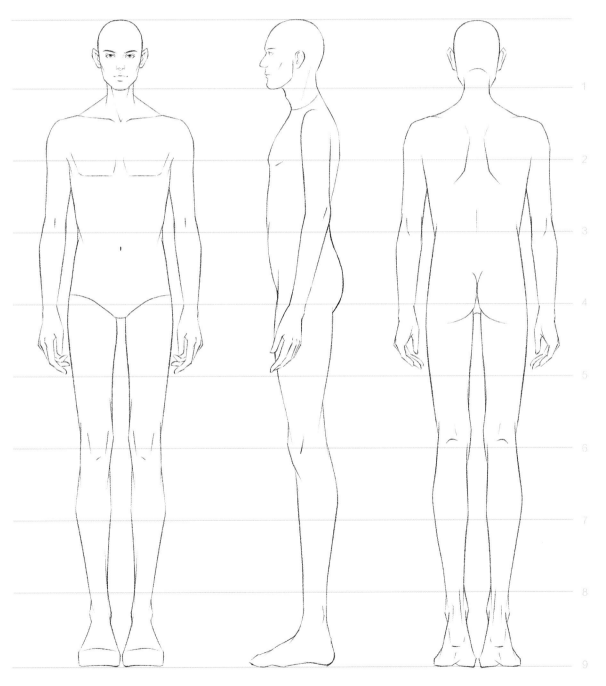

· 男人体的基本比例

时装画中的人体结构

人体一直是时装画表现中的难点，这是因为人体的结构复杂，细节繁多。本小节将复杂的人体分解为不同的部分，对人体各部分结构进行深入的剖析，逐一解决人体绘制中的种种问题。我们可以先将人体的各部分概括为几何形体，然后研究各部分的转折结构——这些转折可以通过关键的骨点来确定，接着再描绘细节的曲线起伏——这些弧度是由肌肉的形态所决定的。通过这种层层递进的方法，就可以从整体和细节两个层面上准确地掌握人体结构。

▼ 头部的基本比例

初学者会将头部看成一个上大下小的卵形，但这种情况仅适用于正面。在不同角度的侧面，我们可以将面部看成一个个不同宽度的椭圆，将后脑勺看成与面部相切的正圆，五官根据"三庭五眼"的比例关系和头部的透视分布在面部的相应位置。在绘制头部时，可以适当忽略面部肌肉，而强调较为突出的骨点和转折处，如眉弓、鼻根、颧骨高点、下颌骨转折点等，来表现五官的立体感。

正面头部的表现

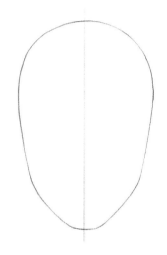
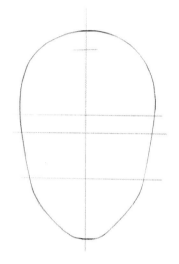
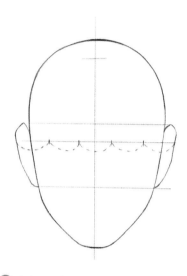

01 正面头部根据中线左右对称，头部长宽比例约为3：2，根据比例关系绘制出头部的外轮廓——头顶弧度较为饱满，在额头侧面弧度逐渐平缓，到下颌处转折，收尖下巴。

02 绘制出主要辅助线，眼睛的位置位于整个头部长度的二分之一处。通过"三庭"来确定眉弓和鼻底的位置。"三庭"是指从发际线到眉弓、从眉弓到鼻底、从鼻底到下巴这三部分距离相等。

03 在头部二分之一线上，将包含耳朵的宽度五等分，即所谓的"五眼"，眼睛就位于第二份和第四份的位置，两眼之间的间距为一个眼睛的长度。

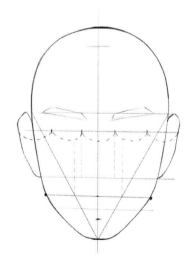
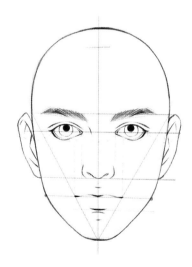
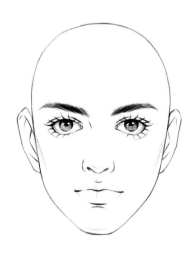

04 将鼻底到下巴的间距两等分，确认下唇的位置，借助下颌角的位置可以确认唇中缝的位置。根据内眼角的延长线确定鼻翼的宽度，通过从眉弓到下巴的连线确定嘴唇的宽度。耳朵位于眉弓到鼻底之间，眉毛有一定的倾斜度。

05 根据确定好的位置，用较为肯定的曲线绘制出眼眶、鼻底和唇中缝的形状，用较为柔和的曲线勾勒出上眼睑、眼珠、鼻翼、唇沟、耳廓等结构，用纤细的短线排列出眉型，用深色强调瞳孔。

06 擦除不需要的辅助线，绘制睫毛、下眼睑、上下嘴唇、鼻头等细节，表现出眼珠的光泽感。标记颧骨和下巴的转折，表现头部的体积感。

四分之三侧面头部的表现

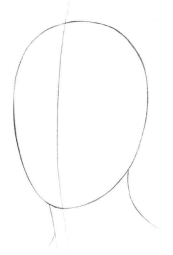 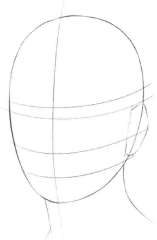 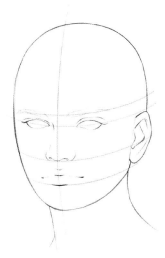 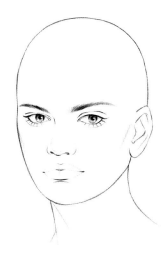

01 绘制出头部的外轮廓，能看见一部分后脑勺，面部的弧线较为平直，后脑勺顶部的弧度接近正圆形。头部中线受透视影响，向头部侧转的方向移动并产生一定的弧度。脖子也呈现出一定的倾斜度。

02 绘制出"三庭五眼"的辅助线，所有的辅助线呈现出相应的弧度。因为头部纵深的体积感，耳朵会适当下移，可以在眼角线和唇中缝之间确定其位置。

03 根据透视线勾勒出五官的位置，中线要通过发际线中点、眉心、鼻中隔中点、唇珠高点和下巴中点，五官的形状也要根据透视而发生相应的变化。

04 擦除辅助线，绘制出眉毛、眼珠、睫毛、下眼睑、上下嘴唇、鼻头等细节，标出颧骨的位置。

正侧面头部的表现

 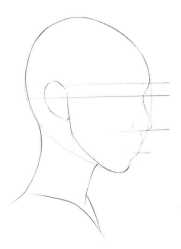 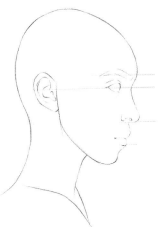 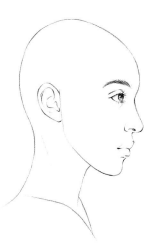

01 后脑勺的比重在四分之三侧面头部的基础上继续增大，整个后脑勺部分接近正圆形。在面部，头顶和额头部分的曲线弧度较为饱满，面部向内倾斜，轮廓较为平直。从正侧面看，脖子会有明显的前倾。

02 绘制出"三庭五眼"的辅助线，正侧面的辅助线恢复到水平状态。进一步细化面部的轮廓线，从正侧面看，面部轮廓起伏明显——眉弓凸起，鼻根深陷，鼻梁高挺，上唇内斜，下唇外凸，唇沟凹陷，下巴翘起，下颌角的转折也很明显。

03 绘制出五官的轮廓，受到透视的影响，眉毛长度缩短，眼睛呈现出内倾的三角形，鼻翼和嘴唇只能看见一半。

04 绘制出睫毛、眼珠、上下嘴唇、鼻头等细节，受到透视的影响，睫毛向前翘起。

▼ 五官的表现

　　为了让面部整体呈现出更统一、更优美的效果,在表现五官时需要"厚此薄彼"。作为传达人物精神面貌最重要的器官,眼睛的表达是重中之重,然后是能突显妆容特点的嘴唇,眉毛作为眼睛的辅助,可以和眼睛作为一个整体进行表现,而鼻子和耳朵可以适当弱化。

眼睛的表现

01 用长直线绘制出眼睛的外轮廓。眼眶的轮廓呈枣核形,内眼角低外眼角高,整体有一定的倾斜度。上眼睑和上眼眶基本平行,中间较窄,外眼角处稍宽。

02 用流畅的曲线细化眼睛的轮廓,上眼眶的弧度饱满一些,下眼眶的弧度平顺一些;内眼角处上下眼睑相接因此转折圆润,外眼角处上眼睑叠压住下眼睑,因而形状较为尖锐。仔细描绘出眼眶内侧上下眼睑的厚度。

03 绘制出眼珠。通常所说的眼珠由虹膜和瞳孔组成,呈同心圆分布。虹膜被上眼睑遮挡住一部分,因此瞳孔靠近上眼眶。浅浅勾勒出下眼睑的形状。

04 通过排线表现出眼球的体积感。上眼睑会在眼眶内投下阴影,通过虹膜、瞳孔和高光的对比,来表现眼睛的光泽感。睫毛呈放射状分布,下粗上尖,带有一定的弧度,外眼角处睫毛较长较密集,内眼角处睫毛较短较稀疏。

眉毛的表现

01 眉毛的形状和眉弓保持一致,将眉毛的长度三等分,三分之二处为眉峰。前三分之二的眉形向上倾斜,后三分之一略微向下收尖。整体呈现前低后高的趋势。

02 用排列的短线绘制出眉毛的走向,眉头到眉峰向上挑起用笔,过了眉峰高点后,眉梢略微向下回落。

03 擦除外轮廓线,用更纤细的笔触沿眉毛的走向排线,突出毛发的质感。眉头处毛丝较稀疏,长度较短;眉毛中段毛丝较长较浓密;眉梢处毛丝较长,但逐渐收尖。

04 适当加重眉毛的颜色,眉头和眉梢的颜色较浅,眉毛中段颜色较重;在眉峰的转折处,转折处上方颜色较浅,下方颜色较深,形成一定的体积感。

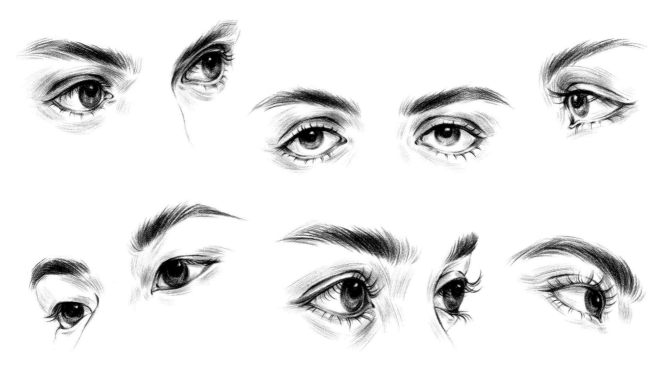

· 眉眼表现范例

鼻子的表现

① 鼻子呈棱台体,有很强的体积感。鼻子正面可以概况为两个梯形体,鼻侧面以中线左右对称,鼻底面呈倒梯形。

② 用曲线明确鼻子的形状,鼻根处收紧,鼻翼处张开。鼻底面由鼻中隔和鼻孔构成,鼻孔有一定的倾斜度,使鼻中隔和鼻翼底端形成倒三角形的形状。

③ 鼻头呈球体,用轻微的短弧线标记鼻头的明暗交界线。勾勒出倒三角形的鼻底阴影面和人中的形状。

④ 根据鼻子的结构添加阴影,因为光源的关系,通过加强左侧鼻梁和鼻头的明暗交界线来突显鼻子的体积,鼻底面阴影也会受到光源的影响。

· 鼻子表现范例

嘴的表现

① 用长直线绘制出嘴的框架,用十字线标出中线和上下唇的分缝线。

② 用曲线明确嘴唇的形态,唇中缝和上嘴唇都呈 M 形,下嘴唇是圆润的弧线。唇中缝是上下唇结构的分界线,需要适当强调。

③ 擦除辅助线,进一步描绘嘴唇的细节:在上唇明确唇珠的形状,在下唇轻轻勾勒出下唇中缝。标出人中和唇沟的位置。

④ 上嘴唇向内倾处,阴影较重;下唇外凸,容易受光;上嘴唇会在唇中缝处形成较为浓重的阴影。通过笔触的排列表现出放射状的唇纹,加重唇沟的阴影来增加嘴唇的立体感。

· 嘴唇表现范例

耳朵的表现

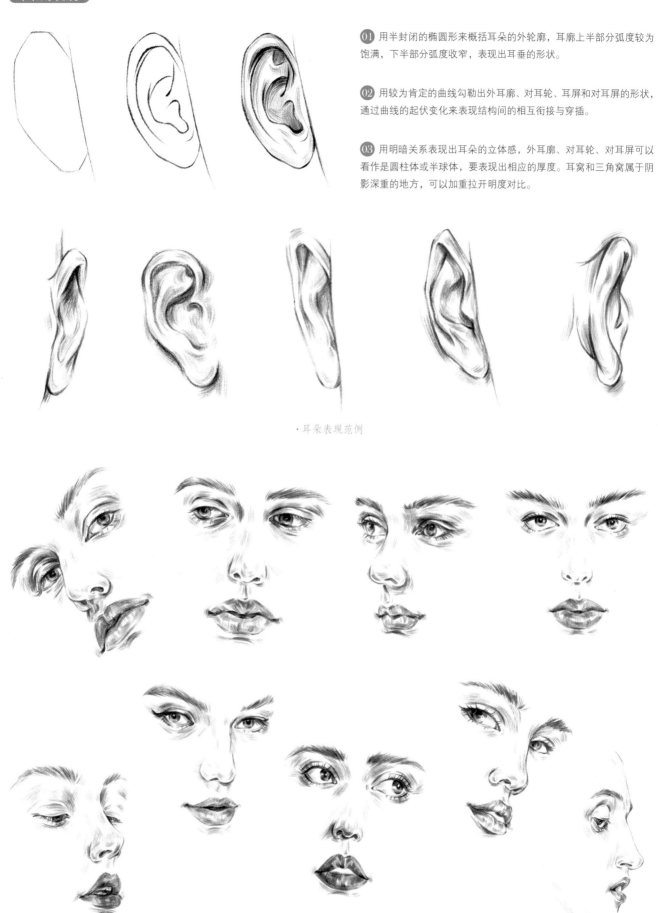

01 用半封闭的椭圆形来概括耳朵的外轮廓，耳廓上半部分弧度较为饱满，下半部分弧度收窄，表现出耳垂的形状。

02 用较为肯定的曲线勾勒出外耳廓、对耳轮、耳屏和对耳屏的形状，通过曲线的起伏变化来表现结构间的相互衔接与穿插。

03 用明暗关系表现出耳朵的立体感，外耳廓、对耳轮、对耳屏可以看作是圆柱体或半球体，要表现出相应的厚度。耳窝和三角窝属于阴影深重的地方，可以加重拉开明度对比。

· 耳朵表现范例

· 五官表现范例

▼ 发型的表现

发型能够有效地塑造人物形象，为造型增加时尚度，但同时发型也是人物表现的难点之一。头发的造型变化丰富，发丝的细节繁多，在表现时要抓住其规律：首先，要明确头发和头骨间的关系，头发包裹在头骨上，系扎得越紧的发型，受到头骨形状的限制越大，越蓬松的发型，造型相对来说越自由；其次，要理清发绺的走向及相互间的叠压关系，表现出头发的层次感；第三，要主动对发型进行归纳，适当取舍，既要表现出发型的细节变化，又要保持统一、富有层次的整体视觉效果。

束发的表现

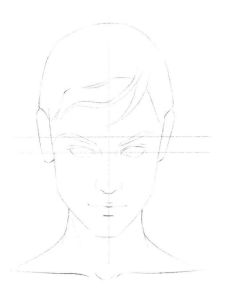  

01 用较长的线条勾勒出头颈、五官和发型的大概轮廓。当头发束起时，头发紧紧包裹着头骨，呈现出明显的球体体积。同时，系扎得再紧的头发，都要表现出相应的厚度。单独处理额头上的刘海。

02 梳理出头发从发际线向后的走向并对头发进行分组，用有弧度的线条来表现头顶球体的体积感，因为头发的层次感，边缘线条需要有所起伏。用较为肯定的线条明确面部和五官的结构，细化刘海。

03 根据分组进一步细化头发的层次，注意每绺头发的叠压和穿插关系。在添加细节时要保持高光部分的留白，保证整体体积感的呈现。添加少量细碎的发丝，增加发型的生动感。完成五官细节的绘制。

短发的表现

01 用铅笔轻轻地绘制出头颈和五官的轮廓，大致确定头发的厚度和长度。短发在头顶部分贴合着头骨呈现出球体体积，下半部分自然下垂，发丝的走向因为分缝线向左右分开。

02 明确五官的结构，对头发进行分组，整理出刘海的形状。头顶的发绺排列较为整齐，披散的头发要梳理出叠压穿插的关系。左侧头发别在耳后，耳朵会对发丝的走向产生影响。

03 细化头发的层次，分缝线处因为凹陷，线条较为密集，头顶的高光处留白。耳后和颈后的头发处于阴影处，线条也更加密集。整理发梢的尖端，表现出头发自然结束的状态。同时刻画五官和脖颈的细节。

长直发的表现

01 长直发飘逸柔顺，在起稿时就要注意线条的流畅度，用长线条确定发型的大概轮廓，头顶部分仍然贴合头骨，呈圆球体，披散的头发形态相对自由。

02 细化五官和头发的层次。头顶的头发因分缝线向左、右、后三个方向呈放射状走向，下垂的长发区分出上下层次和叠压关系。发缕的组织要注意宽窄长短的穿插，分清前后主次。

03 进一步梳理发丝的走向和层次关系，在增加细节的同时要保证头顶的体积感和线条的流畅度。分缝线、头部两侧，下层阴影处线条可以密集一些，能够强化发型的体积感和层次感。细致整理发梢形态，做到"有始有终"。

长卷发的表现

01 用铅笔起稿。长卷发通常较为蓬松，发丝因为卷曲或翻卷会产生较大的起伏变化和繁多的细节，在绘制时一定要进行归纳整理。披散的头发轮廓可以用有起伏的波浪线来概括。

02 用波浪线对头发进行分组整理，头顶部分线条稍微平直一些，其余部分线条的起伏弯曲可以明显一些，用笔也可以适当抖动来增加线条的变化性。发卷的体积感比直发更强，因此发缕间的叠压穿插关系也更加明确。

03 每一个发卷都可以看作是一个半球体，用排列的短线来区分发卷的明暗面。加重分缝线、脸颊后方、脖子后方和肩后方的阴影部位和发缕之间的阴影死角，使卷发的层次更分明，光泽感更强。整理发梢的细节，适当添加飞散的发丝，使发型更生动自然。

男性发型的表现

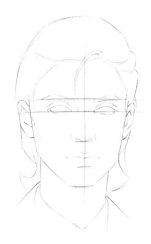  

01 男性的五官硬朗,发型以短发为主,可以用短直线起稿。因为发丝较短,头发的厚度主要集中在头顶处,发际线也会完全显露出来。

02 明确五官的结构,对头发进行大致的分组。头顶的发缕基本是从发际线向后呈放射状分布,线条因为发缕的厚度不同而产生不同的弧度。颈后的碎发向左右分开,发梢微微翘起。刘海可以打破整齐的分组,增加变化性。

03 男性发型因为发丝较短,所以会形成较为细碎的层次,发丝的走向也较为多变。对头发的层次进一步细分后,整理每缕头发的细节形态并加重阴影死角的部分,使短发也呈现出立体而丰富的效果。

· 发型表现范例

▼ 躯干的结构

从外观上看，躯干的起伏微妙、造型复杂，但我们可以将其简化为胸腔和盆腔两大体块。

胸腔由脊柱、胸骨和肋骨构成，上缘线是肩点连线，下缘线为肋骨底端连线；盆腔主要是盆骨构成的腔体，上缘线为髋骨顶点连线，下缘线为大转子连线。值得注意的是，两大体块之间有一定的距离，通过脊柱连接起来。

从正面看，胸腔和盆腔呈现出等边梯形；如果从其他角度看，就要考虑身体侧面的厚度。

躯干的运动在很大程度上决定了人体的动态。躯干的运动正是依靠了两大体块的关系，不论是侧装还是俯仰，两大体块处于相对静止或平行运动的状态时，身体的动态较小；这两大体块产生挤压、拉伸、扭转时，身体就会产生较大的动态。

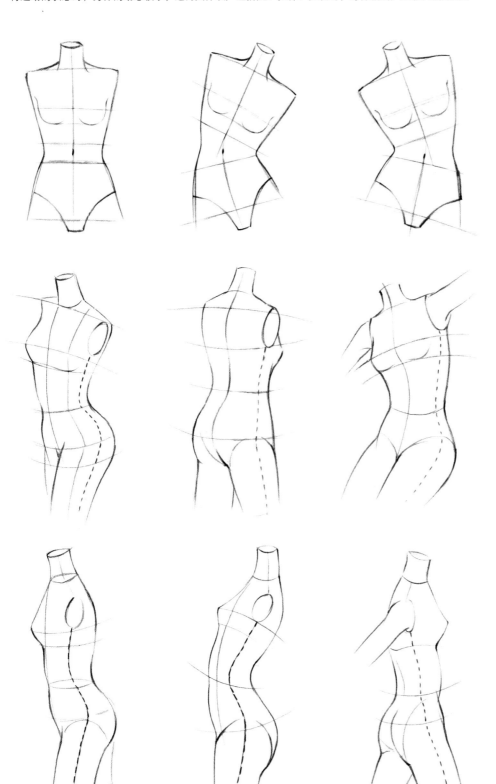

· 正面的躯干

正面躯干在保持直立时，身体两侧以中线左右对称，所有参考线处于平行状态。当身体侧弯时，胸腔和盆腔的运动方向相反，上半身参考线与肩线保持一致，下半身参考线与大转子连线保持一致。动态越大，参考线的倾斜角度就越大，胸腔和盆腔间的夹角角度也就越大。

· 不同程度半侧面的躯干

身体侧转时，透视的情况会更加复杂，但是会遵循近大远小的基本规律。身体侧转时，需要表现出身体的厚度，侧转角度的不同，身体的厚度也会有不同程度的呈现。

· 正侧面的躯干

正侧面的躯干有其相应的厚度。因为脊柱的形状，脖子会轻微前倾，身体前侧的轮廓线较为平直，胸部高耸；后腰处弯曲度非常大，臀部曲线饱满。

▼ 手和手臂的结构

上肢的肢体纤细，动态灵活多变。手臂分为上臂和前臂（小臂），上臂可以概括为圆柱体，通过肩头与胸腔相连；前臂可以概括为去掉尖端的纺锤体，通过肘关节与上臂相连，通过腕关节与手掌相连。

手的结构分为手掌和手指两部分，这两部分的长度基本相等。手掌的形态比较固定，可以看作是较为扁平的多边体；手指的姿态变化多端，但基本根据各指节的长度呈弧线形运动。手部的肌肉基本分布于掌面，因此不论是手掌还是手指，都是背部线条平顺，掌部线条弧度较为饱满。

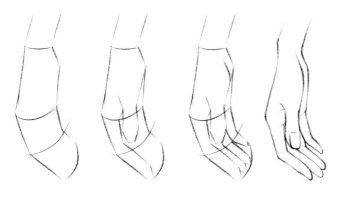

手的动态表现案例一

01 用几何体来概括手腕、手掌和手指的关系，注意手腕和手掌、手掌和手指间的角度关系，用弧线标出指关节的位置。

02 绘制出拇指和食指，大拇指根部的肌肉形状饱满，大拇指尖较为圆润。食指较为修长，找准关节的转折位置。

03 根据步骤01确定的关节位置绘制出中指、无名指和小指。中指最长，中指和无名指的粗细和食指基本一致，小指长度较短，更为纤细。

04 用连贯的曲线整理线稿，添加手腕处的骨节，描绘手掌、虎口处肌肉起伏和指甲等细节，擦除辅助线，完成绘制。

手的动态表现案例二

01 用长线条绘制出手的大概形态，手腕、手背和手指的线条较为挺括，手掌部分的线条弧度较为饱满。

02 手背和手指间的关节凸出，有较为明显的转角，拇指位于手掌侧面，其他四根手指要注意前后遮挡关系。

03 细化出中指和无名指的指尖，小指被完全遮挡，只能看见手背处的关节。

04 用连贯的曲线进行整理，注意手腕和手掌处的穿插，添加拇指的指甲，清理干净辅助线，完成绘制。

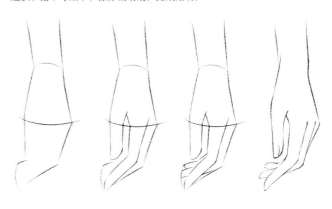

· 手的动态表现范例

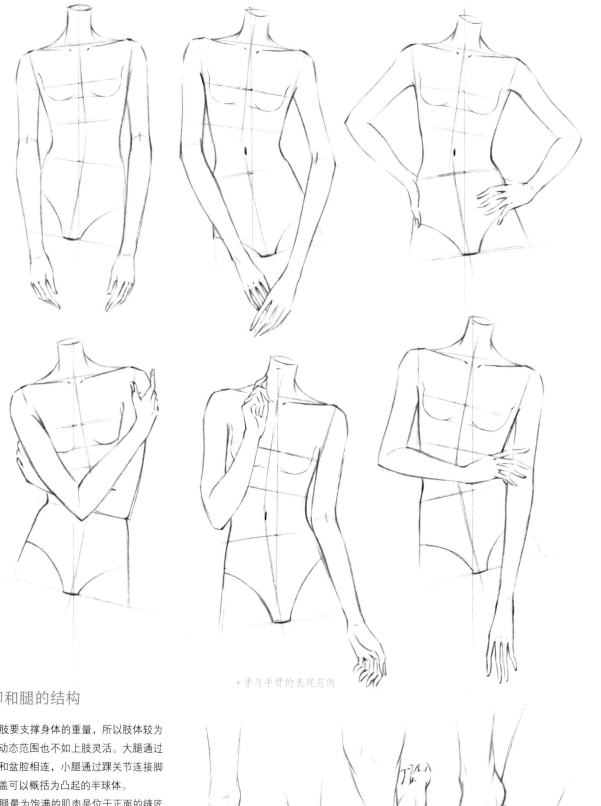

· 手与手臂的表现范例

▼ 脚和腿的结构

下肢要支撑身体的重量，所以肢体较为粗壮，动态范围也不如上肢灵活。大腿通过大转子和盆腔相连，小腿通过踝关节连接脚掌，膝盖可以概括为凸起的半球体。

大腿最为饱满的肌肉是位于正面的缝匠肌，因此大腿两侧的线条较为平缓。小腿最为饱满的肌肉是位于背面的腓肠肌，这是两块并列的肌肉，会影响小腿侧面的弧度，因而小腿的侧面曲线明显。

与手一样，脚背的线条较为平顺，肌肉主要集中在掌部。但是与手掌相比，脚掌更为厚实，脚趾较为粗壮，动态也较少。另外，脚的动态和鞋的造型也息息相关。

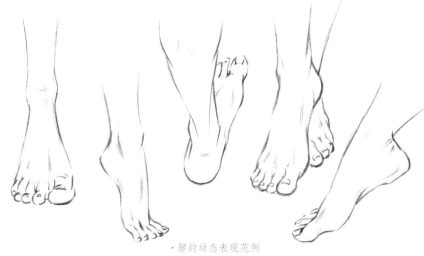

· 脚的动态表现范例

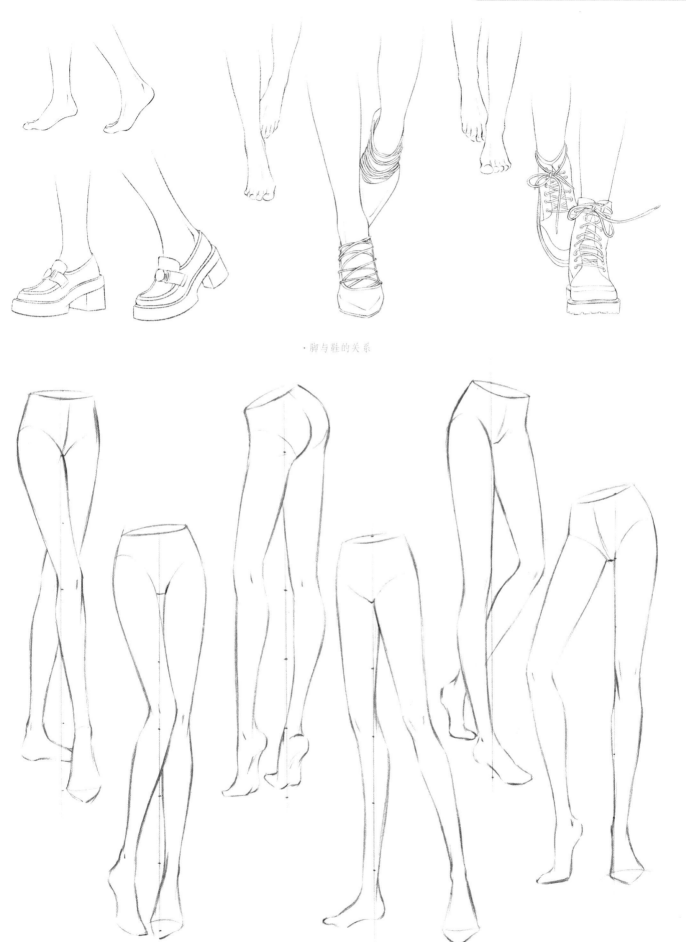

·脚与鞋的关系

·脚与腿的表现范例

1.3 时装画常用人体动态

女人体动态

时装画主要表现的是人体的着装效果，作为服装的"支架"，人体的重要性不言而喻，而动态的变化能够更好地展示服装。人体在做出各种动态时，身体各部分会分别受力，这些力的汇合点就是人体的重心。换句话说，人体在运动时，身体各部分需要互相协调，才能保持动态的稳定。一般情况下，身体重量主要由腿部支撑，人体运动时，胸腔和盆腔会产生不同程度的倾斜或扭转，而重心需要落在两腿形成的支撑面内或落在支撑身体重量的腿上。

▼ 站姿的表现

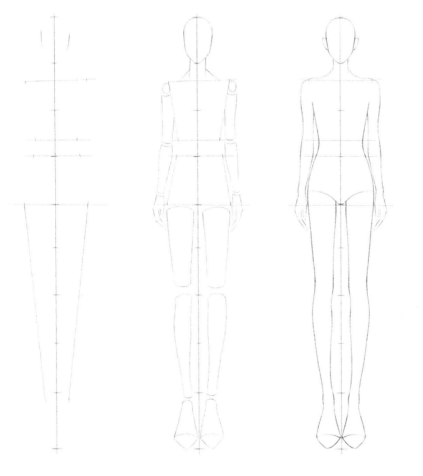

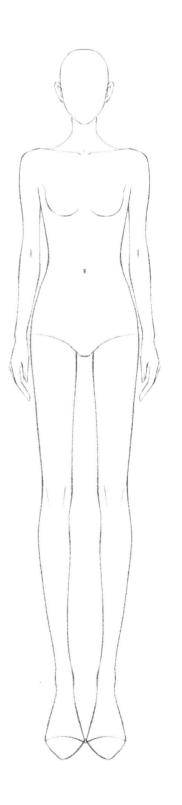

站姿一

① 用铅笔轻轻绘制出辅助线，明确人体的基本比例，确定头部、胸腔、盆腔的大概位置。女性肩宽约为两头宽，大转子的宽度基本与肩宽相等。人体直立时，所有的辅助线都呈现出水平平行的状态，人体中线就是重心线。

② 用简单的几何形概括人体的基本形状，脖子为圆柱体，肩斜部分概括为三角形，胸腔和盆腔概括为梯形体，四肢用有粗细起伏变化的圆柱体和纺锤体来概括，手部可以将手掌、拇指和四指进行区分，脚用三角形概括，要注意脚背和脚趾两部分的长短比例。

③ 用柔和的曲线绘制出人体的外轮廓，将体腔、四肢和关节联系起来，主要关节的骨点，如肩点、膝盖、脚踝等，要凸显出来，主要肌肉的曲线起伏要明确。

④ 绘制出锁骨、胸部、肘窝、肚脐、膝盖等细节结构，明确关节的位置，保证身体两侧的结构形态以中线对称。擦除参考线，完成绘制。

站姿二

01 先确定头部的大概位置，从脖子中点绘制出垂直的重心线，再通过肩点连线和胯高点连线确定肩部和臀部之间的关系。肩部右压，胯部向右侧抬起，右腿支撑身体的重量，右脚靠近重心线。

02 用几何体概括出胸腔、盆腔和四肢的基本结构，手臂的透视和肩部保持一致，腿部的透视和胯部保持一致。叉腰的手臂和手掌要表现出前后透视关系。

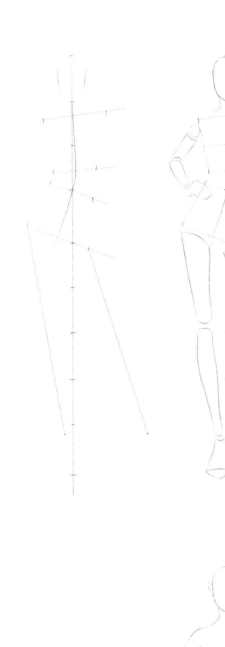

03 用圆顺的曲线完善人体的轮廓。身体右侧因为压肩抬胯，身体曲线紧缩，腰节点内陷明确；身体左侧因为拉伸，曲线舒展顺直。右侧支撑身体重量的腿线条绷直，左侧起辅助作用的腿线条舒缓。通过身体两侧形状的对比，表现出动态的韵律感。

04 擦除辅助线，用更为肯定的线条强调主要关节的形状，进一步明确肌肉曲线的起伏。添加锁骨、胸部等细节，透视和肩部保持一致；描绘膝盖和脚踝的细节，透视和髋部保持一致。描绘出手指，右手臂要尤其注意手指和手背关节的转折处，要表现出因为叉腰而形成的透视感。

▼ 走姿的表现

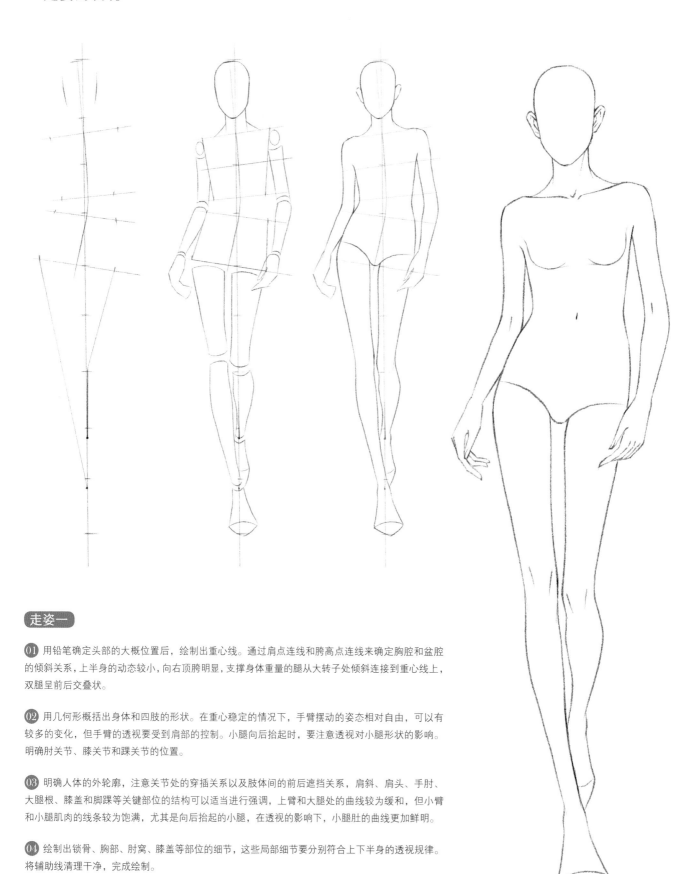

走姿一

① 用铅笔确定头部的大概位置后，绘制出重心线。通过肩点连线和胯高点连线来确定胸腔和盆腔的倾斜关系，上半身的动态较小，向右顶胯明显，支撑身体重量的腿从大转子处倾斜连接到重心线上，双腿呈前后交叠状。

② 用几何形概括出身体和四肢的形状。在重心稳定的情况下，手臂摆动的姿态相对自由，可以有较多的变化，但手臂的透视要受到肩部的控制。小腿向后抬起时，要注意透视对小腿形状的影响。明确肘关节、膝关节和踝关节的位置。

③ 明确人体的外轮廓，注意关节处的穿插关系以及肢体间的前后遮挡关系，肩斜、肩头、手肘、大腿根、膝盖和脚踝等关键部位的结构可以适当进行强调，上臂和大腿处的曲线较为缓和，但小臂和小腿肌肉的线条较为饱满，尤其是向后抬起的小腿，在透视的影响下，小腿肚的曲线更加鲜明。

④ 绘制出锁骨、胸部、肘窝、膝盖等部位的细节，这些局部细节要分别符合上下半身的透视规律。将辅助线清理干净，完成绘制。

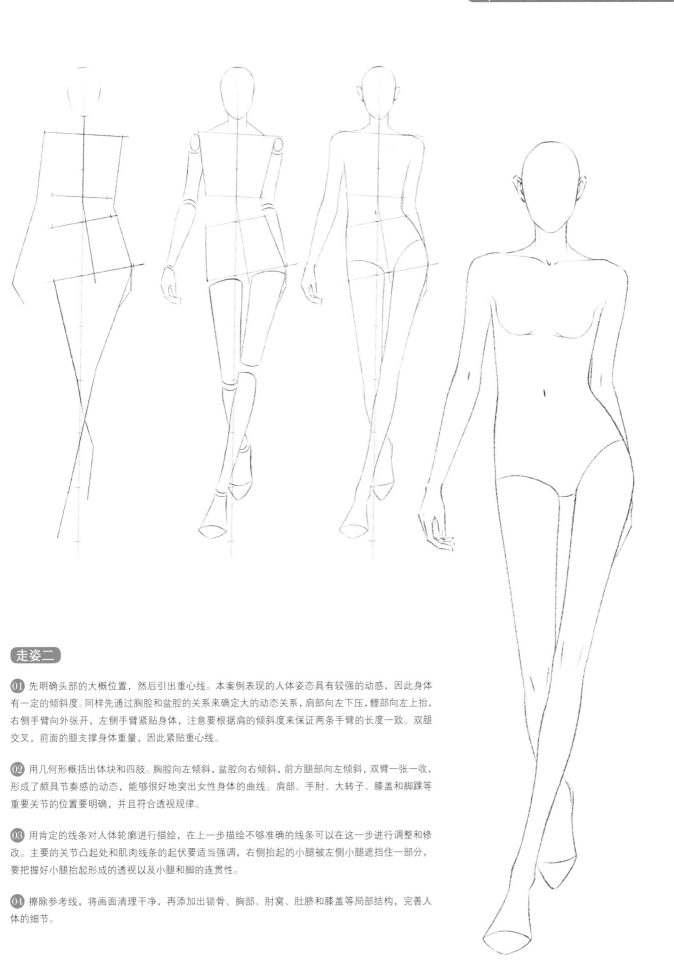

走姿二

① 先明确头部的大概位置，然后引出重心线。本案例表现的人体姿态具有较强的动感，因此身体有一定的倾斜度。同样先通过胸腔和盆腔的关系来确定大的动态关系，肩部向左下压，髋部向左上抬，右侧手臂向外张开，左侧手臂紧贴身体，注意要根据肩的倾斜度来保证两条手臂的长度一致。双腿交叉，前面的腿支撑身体重量，因此紧贴重心线。

② 用几何形概括出体块和四肢。胸腔向左倾斜，盆腔向右倾斜，前方腿部向左倾斜，双臂一张一收，形成了颇具节奏感的动态，能够很好地突出女性身体的曲线。肩部、手肘、大转子、膝盖和脚踝等重要关节的位置要明确，并且符合透视规律。

③ 用肯定的线条对人体轮廓进行描绘，在上一步描绘不够准确的线条可以在这一步进行调整和修改。主要的关节凸起处和肌肉线条的起伏要适当强调，右侧抬起的小腿被左侧小腿遮挡住一部分，要把握好小腿抬起形成的透视以及小腿和脚的连贯性。

④ 擦除参考线，将画面清理干净，再添加出锁骨、胸部、肘窝、肚脐和膝盖等局部结构，完善人体的细节。

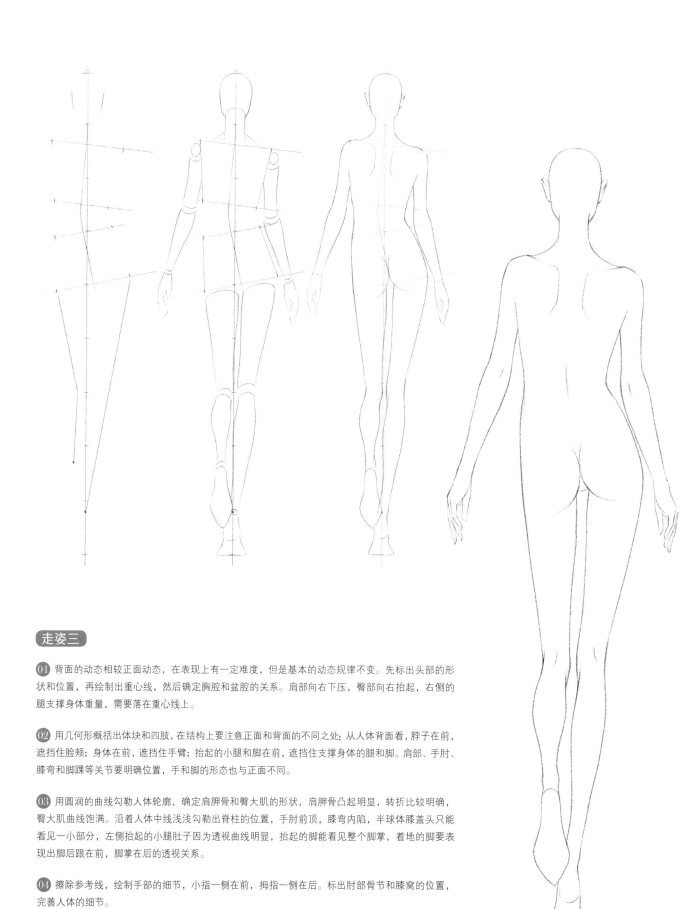

走姿三

① 背面的动态相较正面动态，在表现上有一定难度，但是基本的动态规律不变。先标出头部的形状和位置，再绘制出重心线，然后确定胸腔和盆腔的关系。肩部向右下压，臀部向右抬起，右侧的腿支撑身体重量，需要落在重心线上。

② 用几何形概括出体块和四肢，在结构上要注意正面和背面的不同之处：从人体背面看，脖子在前，遮挡住脸颊；身体在前，遮挡住手臂；抬起的小腿和脚在前，遮挡住支撑身体的腿和脚。肩部、手肘、膝弯和脚踝等关节要明确位置，手和脚的形态也与正面不同。

③ 用圆润的曲线勾勒人体轮廓，确定肩胛骨和臀大肌的形状，肩胛骨凸起明显，转折比较明确，臀大肌曲线饱满。沿着人体中线浅浅勾勒出脊柱的位置，手肘前顶，膝弯内陷，半球体膝盖头只能看见一小部分，左侧抬起的小腿肚子因为透视曲线明显，抬起的脚能看见整个脚掌，着地的脚要表现出脚后跟在前，脚掌在后的透视关系。

④ 擦除参考线，绘制手部的细节，小指一侧在前，拇指一侧在后。标出肘部骨节和膝窝的位置，完善人体的细节。

男人体动态

　　与女人体动态要表现出优雅的人体曲线相比，男人体一般都会采用较为稳重的动态，躯体的扭动幅度相对较小，尤其是男性具有宽肩窄髋的身体特征，在走动时髋部不会有明显的摆动，因而肩部的摆动会显得更加明显。此外，男人体动态呈现出一种"外放"的特点，即肘关节和膝关节向外张开，这样更能表现出男性视觉中心位于上半身的审美特征。

▼ 站姿的表现

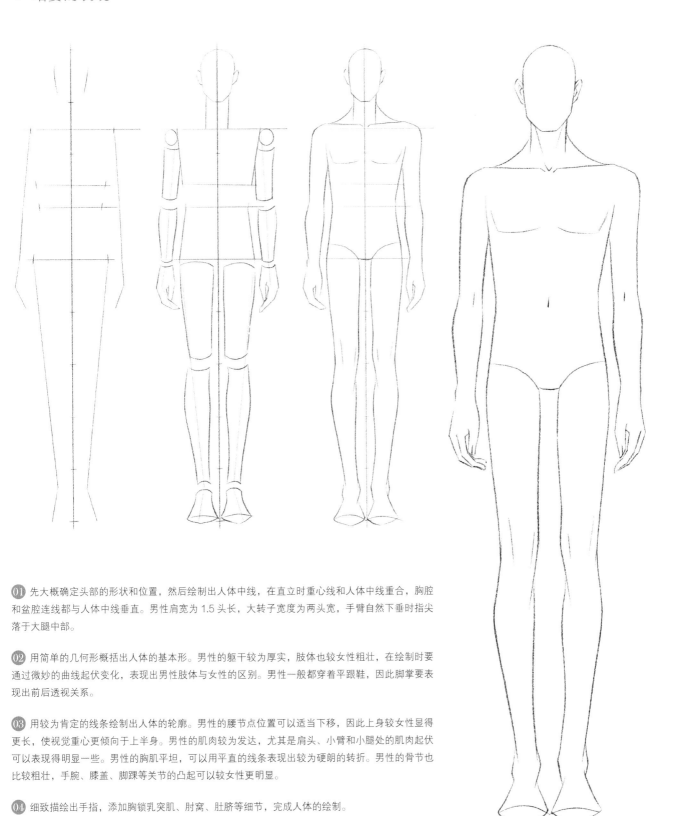

① 先大概确定头部的形状和位置，然后绘制出人体中线，在直立时重心线和人体中线重合，胸腔和盆腔连线都与人体中线垂直。男性肩宽为1.5头长，大转子宽度为两头宽，手臂自然下垂时指尖落于大腿中部。

② 用简单的几何形概括出人体的基本形。男性的躯干较为厚实，肢体也较女性粗壮，在绘制时要通过微妙的曲线起伏变化，表现出男性肢体与女性的区别。男性一般都穿着平跟鞋，因此脚掌要表现出前后透视关系。

③ 用较为肯定的线条绘制出人体的轮廓。男性的腰节点位置可以适当下移，因此上身较女性显得更长，使视觉重心更倾向于上半身。男性的肌肉较为发达，尤其是肩头、小臂和小腿处的肌肉起伏可以表现得明显一些。男性的胸肌平坦，可以用平直的线条表现出较为硬朗的转折。男性的骨节也比较粗壮，手腕、膝盖、脚踝等关节的凸起可以较女性更明显。

④ 细致描绘出手指，添加胸锁乳突肌、肘窝、肚脐等细节，完成人体的绘制。

▼ 走姿的表现

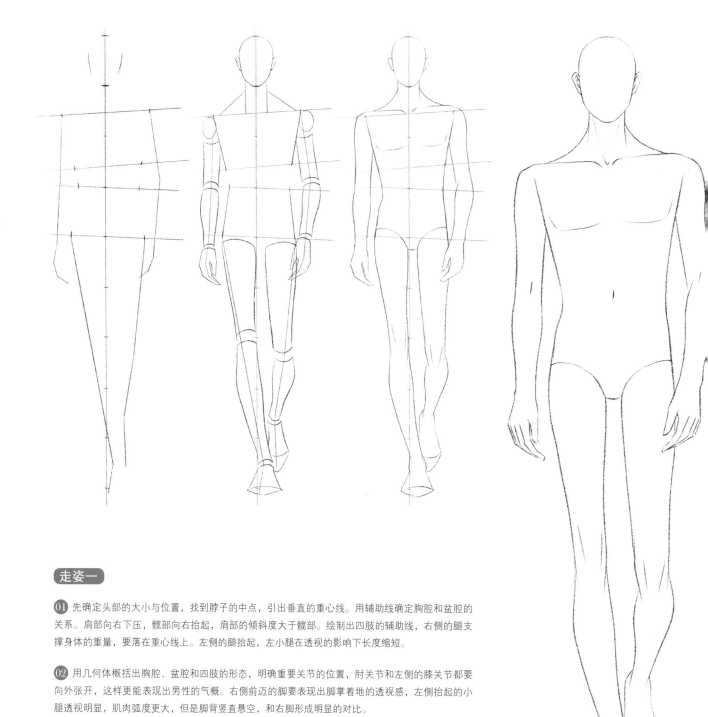

走姿一

① 先确定头部的大小与位置，找到脖子的中点，引出垂直的重心线。用辅助线确定胸腔和盆腔的关系。肩部向右下压，髋部向右抬起，肩部的倾斜度大于髋部。绘制出四肢的辅助线，右侧的腿支撑身体的重量，要落在重心线上。左侧的腿抬起，左小腿在透视的影响下长度缩短。

② 用几何体概括出胸腔、盆腔和四肢的形态，明确重要关节的位置，肘关节和左侧的膝关节都要向外张开，这样更能表现出男性的气概。右侧前迈的脚要表现出脚掌着地的透视感，左侧抬起的小腿透视明显，肌肉弧度更大，但是脚背竖直悬空，和右脚形成明显的对比。

③ 用连贯、肯定的线条绘制人体轮廓，表现出关节的起伏和肌肉的形状。腰节点的位置要适当下移，身体侧面的线条较为平直，不像女性那样曲线明显。绘制出胸肌的形状，胸肌的透视要与肩部保持一致。

④ 绘制出手指、脖子上的肌肉、肘窝、肚脐等细节，擦除辅助线，将画稿整理干净，完成绘制。

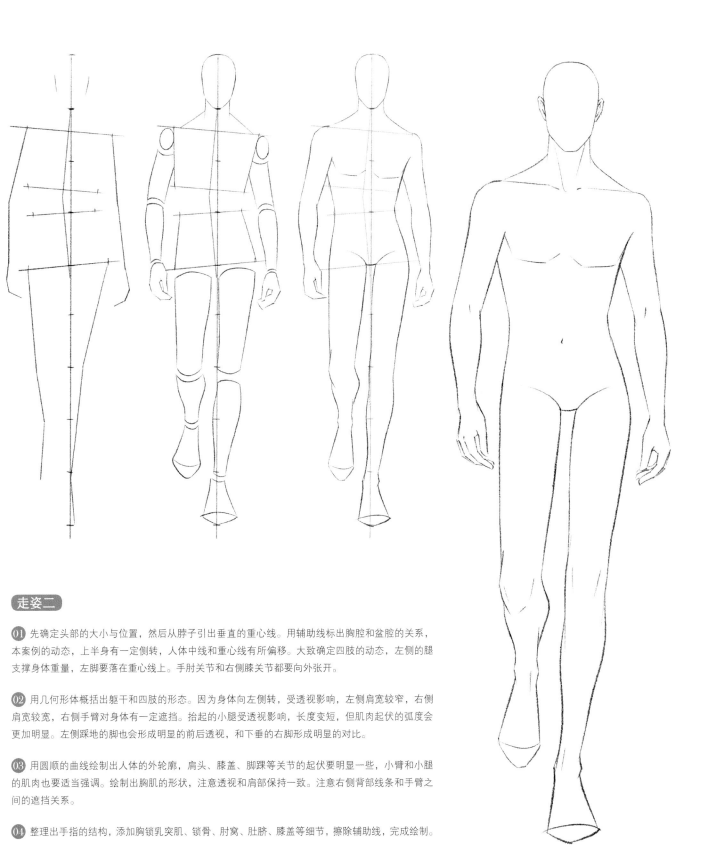

走姿二

01 先确定头部的大小与位置，然后从脖子引出垂直的重心线。用辅助线标出胸腔和盆腔的关系，本案例的动态，上半身有一定侧转，人体中线和重心线有所偏移。大致确定四肢的动态，左侧的腿支撑身体重量，左脚要落在重心线上。手肘关节和右侧膝关节都要向外张开。

02 用几何形体概括出躯干和四肢的形态。因为身体向左侧转，受透视影响，左侧肩宽较窄，右侧肩宽较宽，右侧手臂对身体有一定遮挡。抬起的小腿受透视影响，长度变短，但肌肉起伏的弧度会更加明显。左侧踩地的脚也会形成明显的前后透视，和下垂的右脚形成明显的对比。

03 用圆顺的曲线绘制出人体的外轮廓，肩头、膝盖、脚踝等关节的起伏要明显一些，小臂和小腿的肌肉也要适当强调。绘制出胸肌的形状，注意透视和肩部保持一致。注意右侧背部线条和手臂之间的遮挡关系。

04 整理出手指的结构，添加胸锁乳突肌、锁骨、肘窝、肚脐、膝盖等细节，擦除辅助线，完成绘制。

双人组合动态

　　双人组合动态可以分为两种形式，一种是两人动态保持一致，营造出形式统一的画面感，这种动态组合形式和绘制单人动态没有什么区别。另一种形式是两人的动态互动或互补，这种形式能增加画面的动感和变化性，这种动态组合一般以站立动态为主，要事先设计好人物动态的关联性，以保障画面的协调感。

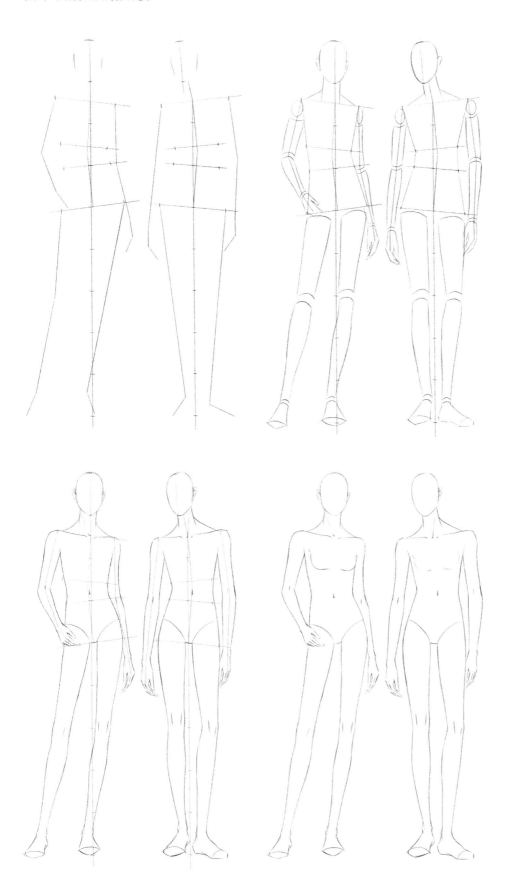

01 用辅助线确定人物的比例和动态。为了增加画面的变化性，一人采用向左压肩，向左抬胯，双臂一弯一直，双腿伸展，重心落在左侧腿上的动态；另一人的动态相反，向右压肩，向右抬胯，双臂下垂，双腿略微合拢，重心落在两腿形成的支撑面上。

02 用几何形态概括出人体各部分结构。一人上身基本直立但身体略有侧转，向左顶胯明显，身体左侧收紧，右侧拉伸，两侧曲线有明显的差异。另一人上身保持正面，但是肩部倾斜明显，髋部摆动较为轻微，身体两侧曲线差异不大。两个人体动态，一个较为挺直，一个较为缓和，使画面形成一定的节奏感。

03 用较为肯定的线条勾勒出人体的外轮廓，可以根据动态的特征对人体的不同部位进行强调：一人除了强调肩头、膝盖等关节和小臂、小腿的肌肉线条外，还可以强调左侧下陷的腰点和右侧抬起的肘点；另一人动态放松，除了肩头、膝盖等重要关节和腰臀、小腿曲线外，脚的姿态一正一侧，和腿部动态相配合。

04 将辅助线擦除干净，调整和完善细节，完成画面的绘制。

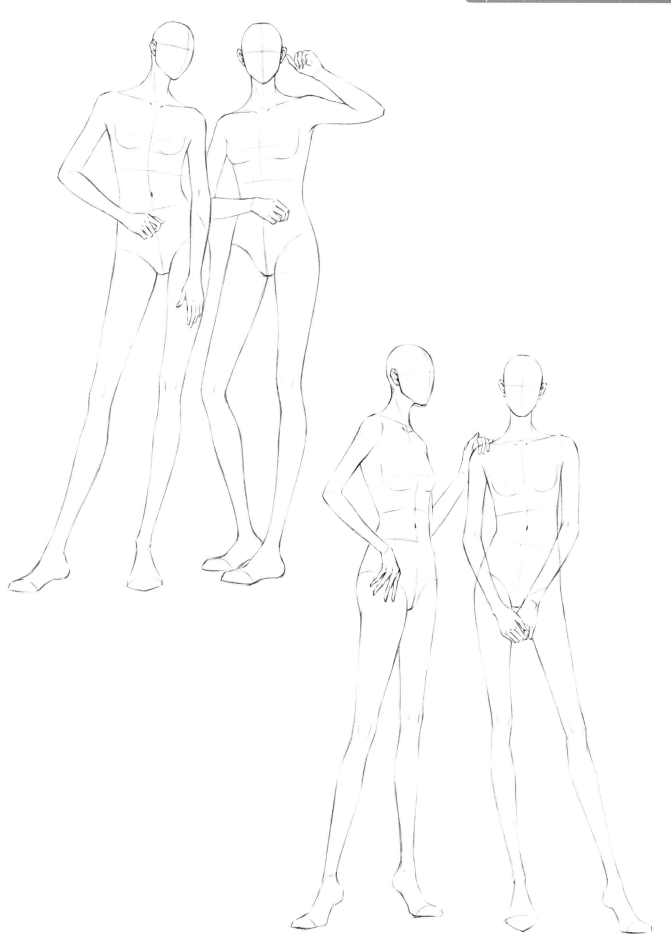

· 双人组合动态表现范例

1.4 时装画中服装的基本表现方法

服装廓形的表现

服装是时装画中的另一个表现重点，作为设计师，我们的设计就是围绕着服装与人体的空间关系展开的，这种关系的具体体现就是服装的松量与廓形。在不同的历史时期，廓形是表现服装潮流的重要手段。我们可以将廓形看作一件或一套服装最直观的外部形态，人们可以通过廓形对服装产生第一视觉印象，廓形带来的视觉冲击力在所有的设计元素中，仅次于色彩。

服装廓形以人体为支撑，又形成独立于人体的空间，这需要依赖于服装结构的塑造和面料的支持。因此，在确定了服装的廓形后，设计师就有了明确的目的，通过采用省道、结构线、褶皱、填充物或支撑物等手段实现目标廓形，并以此选择相应的面料。可以说，廓形对设计能起到引导作用。

·A形　　　·X形　　　·H形　　　·T形　　　·鞘形　　　·茧形

·服装廓形表现范例

· 服装廓形表现范例 ·

服装部件的表现

完整的服装由不同的部件构成，这些部件和身体的各部分或贴合或分离，这些部件各具功能性和装饰性，组合起来形成令人眼花缭乱的款式变化。如果说廓形的变化是从"宏观"入手进行设计，服装部件的变化就是从"微观"入手进行设计。服装局部造型的变化往往也是设计师在进行款式拓展时最常用的设计手段之一，因此深入了解人体局部与服装各部件的关系是极为重要的。

▼ 脖子与领子

不同的服装款式通常会搭配不同的领型，如西服搭配翻驳领，衬衣搭配企领，女式上衣搭配花式领等。控制领子造型的结构元素主要有领高、领深、领宽、领座与领面的比例等，领子的造型就是实现对颈部四周空间的控制。领子越贴合脖子，受到脖子结构的限制越大，形态就越接近脖子的圆柱体，如立领，领子越不受脖子的限制，形态的变化就越自由，如领面的形状和添加的装饰物等。

·脖子与领子的关系

▼ 手臂与肩袖

袖子位于服装的两侧，也是服装各部件中体积最大的部件之一，因此袖子的改变在很大程度上可以决定服装的廓形变化。和领子一样，不同的服装款式通常会搭配不同的袖子，如一片袖常用在衬衫与连衣裙上，两片袖常用于西服和正装外套，插肩袖常用于夹克和外套，落肩袖常用于休闲装和运动装等。如果我们再从历史中寻找灵感，就会发现各式各样具有装饰感的袖型，如羊腿袖、喇叭袖、宝塔袖、朱丽叶袖等。

此外，在进行袖子的设计时，肩线容易被忽略，但我们应该将肩袖看作一体，对肩线的设计应用能更好地体现袖型的特色，如翘肩造型，除了袖窿线的塑造外，就需要肩线的辅助造型；插肩袖、连肩袖和落肩袖，一般都呈现出圆肩的造型等。

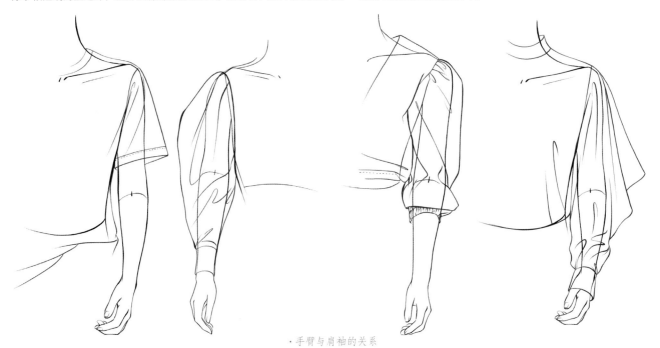

·手臂与肩袖的关系

▼ 腰臀与半裙

人体对下装的支撑主要依靠腰围及臀围，与肩部对上装的支撑不同，肩部的平面支撑坚固而稳定，因此上装放松量的范围较为自由。但腰部和臀部对下装的支撑属于围度支撑，尤其是半裙没有裆部的支撑，更依赖于腰部或臀部的固定。紧身半裙会呈现出明显的腰臀曲线，宽松半裙一般腰部紧扣身体，或者用腰带、松紧、抽绳等进行固定。另外，腰线也是调节上下半身比例的重要元素，这一点既可以通过腰线的位置来决定，也可以通过腰头的宽度来展现。

· 腰臀与半裙的关系

▼ 腿与裤子

腿与胳膊一样，呈现出圆柱体的形态，因此裤管也和袖子一样，是以圆柱体为基础进行变化的。因为受到关节位置、活动范围和运动幅度的影响和限制，裤子的造型变化没有袖子那么丰富和夸张，但仍然可以通过腰头、裆部、门襟、裤型、裤长等不同方式来进行设计变化。虽然与半裙相比，裤子多了裆部的支撑，仍然没有肩部对上衣的支撑那么稳定，如果是宽松的款式，同样要考虑通过腰带、扣襻、松紧带、抽绳等方式来固定裤子。另外，半裙能采用的所有设计元素，也都可以运用在裤装上。

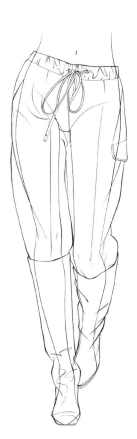

· 裤子与腿部的关系

服装褶皱的表现

大多数的服装都是由柔软的布料来制作的，对于褶皱的表现，一方面可以让画面更加生动，另一方面能够体现面料的质感和款式的松量。根据褶皱形成的原理，我们可以将褶皱分为两大类：一类是因为人体运动，肢体各部分的力相互作用而产生的褶皱；另一类是为了服装造型或款式变化，通过结构塑造或工艺手段而制作出来的褶皱。总的来说，褶皱的产生，是因为服装与人体的空间关系加上地心引力的共同作用而产生的，人体运动会使褶皱变化更加复杂。

不论是哪种类型的褶皱，都会有一定的方向性与组织关系。在绘制时，首先褶皱走向要符合并体现出服装的结构和款式特点，其次要对褶皱进行归纳和筛选，保留或强调主要褶皱，弱化或省略次要琐碎的褶皱，体现出清晰的层次感。

▼ 挤压褶

挤压褶是人体在运动中，肢体在弯曲或内缩时，挤压布料而形成的褶皱。挤压褶一般以一点为圆心，呈现出明显的放射状、往外发散的走向，再加上人体呈圆柱体或圆台体，布料包裹其上，褶皱的形态也呈现出不同程度的弯曲弧度。人体动态较大的关节处往往是挤压褶集中出现的地方，如手肘、腰节、膝弯等处。

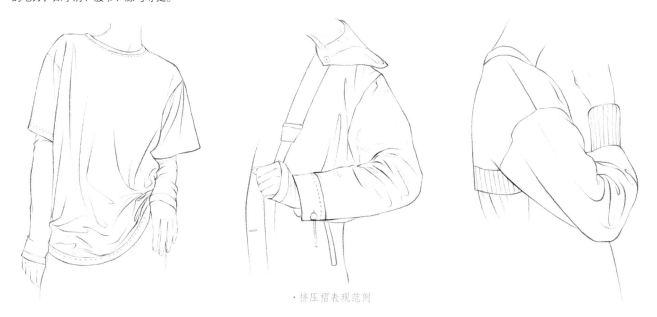

·挤压褶表现范例

▼ 拉伸褶

拉伸褶是肢体在伸展或外张时，拉扯布料所形成的褶皱。尽管拉伸褶产生的运动力方向和挤压褶相反，但是褶皱呈现出的形态和挤压褶基本一致，即以一点为圆心，呈现出发散的放射性褶皱。不同的是，因为拉伸的力度往往比内收的力度更具张力，因此拉伸褶的弯曲弧度较小，褶皱形态较为平直，因此褶皱的方向性和指向性也更强。最容易产生拉伸褶的部位是腋下和裆部，这也是手臂和腿部运动的关键部位。如果再考虑到服装的松量，越宽松的服装，受到拉伸力量的影响越小；越紧贴人体的服装，拉伸褶就越明显。

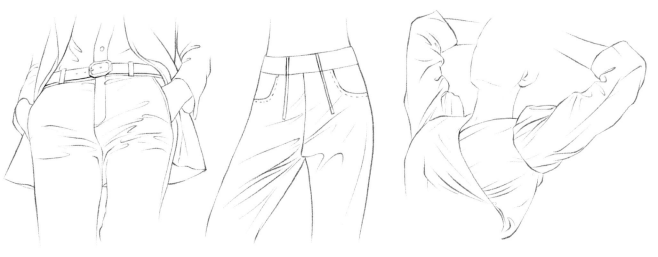

·拉伸褶表现范例

▼ 扭转褶

　　肢体在扭动时，会带动布料一起扭转，就形成了扭转褶。尽管人体的各个关节都可以运动，但并不是所有关节都可以旋转扭动，可以扭转的关节运动幅度也不尽相同。扭转幅度较大，容易产生扭转褶的关节主要有两处，一处是腰节部分，容易形成贯通腰臀的S形褶皱；另一处是手臂，手臂的姿势灵活，肘关节和腕关节处都容易产生扭转褶。此外，脖子、膝盖等部位，也会产生少量的扭转褶。扭转褶的形态也会受到面料质地的影响，轻薄、柔软、贴体的面料容易跟随肢体扭转，会形成较为明显的扭转褶；挺括、厚实的面料容易产生独立的支撑空间，形成的扭转褶较轻微。

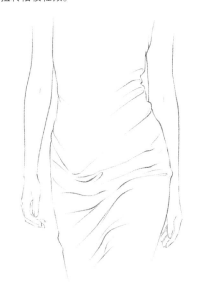

· 扭转褶表现范例

▼ 缠裹褶

　　早在古希腊时期，人们就将整块的布料缠裹在身上作为服装，布料会形成贴合人体的顺滑褶皱，这可以说是人类最早的着装方式之一。到了现代，这种起源于古希腊的着装方式仍然为设计师们所钟爱，不论是发明了斜裁技术的玛德琳·维奥内特，还是以缠裹裙而闻名的黛安·冯·芙丝汀宝，都能够得心应手地运用缠裹褶设计出体现女性身体曲线的优雅服装。

　　表现缠裹褶时，首先要明确褶皱的方向，根据褶皱固定的位置或包裹的方向来确定缠裹褶的方向。其次，褶量的大小会影响缠裹褶的形态，褶量大时，缠裹褶呈现出平行排列或半弧形排列的状态；褶量较小时，人体高点，如胸高点、胯高点等部位，会将褶皱撑开，形成两端收紧，中间展开的形态。

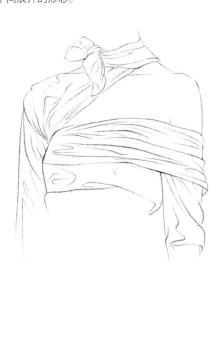

· 缠裹褶表现范例

▼ 堆积褶

堆积褶一般呈平行的横向褶皱或Z字形褶皱，其产生一般有两种情况。第一种往往产生在较为宽松的服装或是局部加长的服装上，如袖口、裤口、裙摆过长，就会在手腕、脚踝或地上产生堆积褶。第二种产生在紧裹人体并且面料有一定弹性的服装上，尤其是在膝盖、大转子等关节处，如紧身牛仔裤、紧身裙等，有时候上臂、大腿和小腿处，也会出现这种贴体的堆积褶。

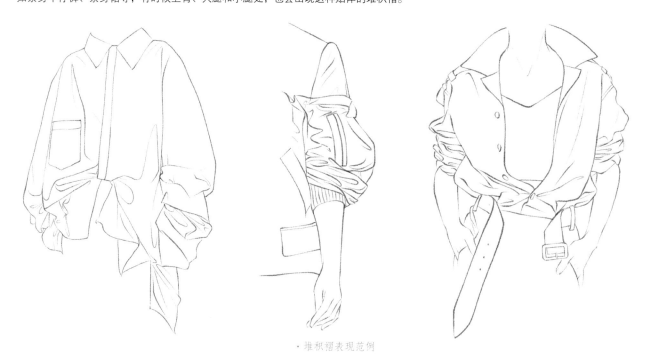

· 堆积褶表现范例

▼ 悬垂褶

悬垂褶是褶皱中最为自然的形态，是悬挂的布料受到松量和重力的影响而产生的竖直向下的褶皱。悬垂褶一般在上端支撑或固定，下端散开，如果服装的面料是垂感很强的面料，如丝绸、雪纺或轻薄的针织面料，所形成出悬垂褶就是平行垂直向下的形态；如果服装的面料较为挺括或厚实，如牛仔、卡其或毛呢等，悬垂褶就会形成扩张的放射状，使服装的廓形呈现出A字形。

悬垂褶在绘制时，要在规律的褶线中寻找变化，要注意每条褶皱的宽窄、长短和叠压变化，切忌画得过于规整。

· 悬垂褶表现范例

▼ 悬荡褶

　　悬荡褶也是悬挂的布料受到松量和重力的影响而产生的褶皱。和悬垂褶一般只有一个支撑面或固定点不同，悬荡褶会有两个或两个以上的支撑面或固定点。如果是两个固定点，悬荡褶会形成 U 形或 V 形的形状；如果固定点增加，褶皱就会产生更多的变化，会形成 W 形或横向 S 形等形状。某些情况下，受到人体运动的影响，原本顺直向下的悬垂褶会被身体的某个部分提拉或抬起，也会形成悬荡褶的形态。

· 悬荡褶表现范例

▼ 抽褶与叠褶

　　抽褶与叠褶是服装常用的塑形手段，这两种褶皱都是通过在固定点或固定线增加褶量，使面料产生更加明显的起伏变化。抽褶通常呈现出长短、宽窄不规则的状态，但也有一定的规律和方向性，即褶裥从固定线或固定点向外放射发散。褶量越多，固定线挤压抽紧的程度越大，抽褶的立体感也就越强，褶皱持续的长度也越长。

　　叠褶相对而言较为规律，每个褶皱的宽度和长度都需要事先进行计算。叠褶根据形状也可分为两类，一类是平行褶，即褶皱从上到下宽度一致，如百褶、普利兹褶等；另一类是放射褶，如太阳褶、车轮褶等。如果折叠的方法不一样，叠褶还可以产生更丰富的变化，如刀褶、暗褶、箱褶等。

· 抽褶与叠褶表现范例

人体着装的表现

　　服装以人体为支撑，一方面服装要包裹人体，另一方面服装要给人体留出足够的运动空间。人体的着装表现不仅要考虑到服装松量、服装部件和人体结构的关系，还要考虑到因为人体运动和面料材质而产生的褶皱关系。

　　服装千变万化，在着装时，通过松量、款式、人体对服装的支撑点以及穿着方式，可以将服装分为以下几大类：一、完全紧贴人体的服装，服装外轮廓呈现出鲜明的人体曲线，这类服装一般采用弹力面料，或是紧身胸衣式样；二、合体类服装，服装基本贴合身体，但是和身体间留有一定的活动空间，如合体连衣裙和西服套装；三、整体宽松的服装，人体和服装间留有较大的松量，如运动衫和休闲外套等；四、局部合体、部分宽松的服装，即服装有的部位贴合身体，有的部位松量较大，如一些设计感、装饰感较强的款式或礼服；五、服装整体或局部依靠外部支撑，完全脱离人体，形成独立空间的款式，这类服装多见于创意款式。

　　在已经绘制好人体动态的情况下进行着装，可以先找到服装的大廓形，再找到服装贴合人体的部位进行"定位"，然后找准因为动态变化而变化的人体中线，根据人体来确定服装各部件的位置、比例和款式特征，最后根据人体运动的规律来添加褶皱，完善服装的细节。通过这种由"宏观"到"微观"的方法，步步推进，来完成人体的着装。

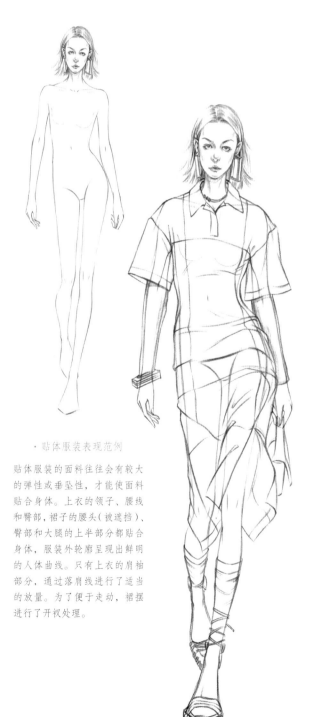

· 贴体服装表现范例

贴体服装的面料往往会有较大的弹性或垂坠性，才能使面料贴合身体。上衣的领子、腰线和臀部，裙子的腰头（被遮挡）、臀部和大腿的上半部分都贴合身体，服装外轮廓呈现出鲜明的人体曲线。只有上衣的肩袖部分，通过落肩线进行了适当的放量。为了便于走动，裙摆进行了开衩处理。

· 整体宽松服装表现范例

外穿的风衣和裤子都有较大的松量。风衣除了廓形设计上的考虑外，外穿的服装还要考虑到给内搭服装留出足够的松量。宽松的下装则要在腰臀处对服装形成有力的支撑。

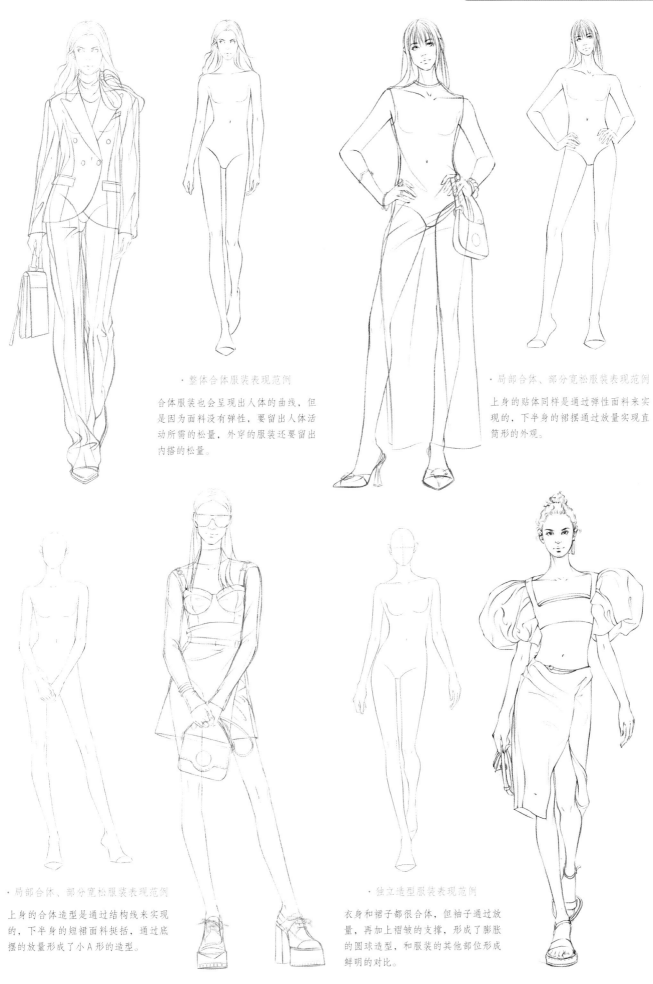

· 整体合体服装表现范例

合体服装也会呈现出人体的曲线，但是因为面料没有弹性，要留出人体活动所需的松量，外穿的服装还要留出内搭的松量。

· 局部合体、部分宽松服装表现范例

上身的贴体同样是通过弹性面料来实现的，下半身的裙摆通过放量实现直筒形的外观。

· 局部合体、部分宽松服装表现范例

上身的合体造型是通过结构线来实现的，下半身的短裙面料挺括，通过底摆的放量形成了小 A 形的造型。

· 独立造型服装表现范例

衣身和裙子都很合体，但袖子通过放量，再加上褶皱的支撑，形成了膨胀的圆球造型，和服装的其他部位形成鲜明的对比。

服装体积感的表现

　　想要表现出服装的立体感，需要准确表现出亮面、暗面、投影三者的关系。服装包裹着人体，其体积感首先要和人体形成的圆柱体、圆台体的体积感保持一致，然后再考虑褶皱的起伏。越宽松的服装褶量越大，就越容易"打破"人体形成的圆柱体和圆台体的体积感，如果服装形成独立支撑的空间，则根据服装的立体造型去表现体积感。大部分服装放量会形成半球体、球体、钟罩、喇叭等造型，这些都可以看作是圆柱体或圆台的变形，都符合圆弧面的明暗关系，即亮面和暗面之间形成自然柔和的过渡。

　　褶皱也有相应的体积感，如果是起伏明显的褶皱，就需要绘制出亮面、暗面和投影三个面，如果是起伏较小的褶皱，可以只表现亮面和暗面两个面。

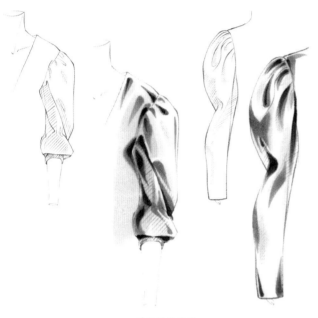

· 袖子的体积感

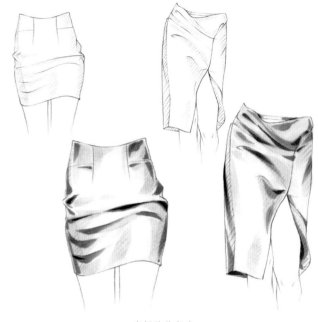

· 半裙的体积感

袖子的体积感要和胳膊的圆柱体体积感保持一致，受光面一般位于肩头的高点和胳膊的上方，暗面一般位于胳膊的下方或两侧，如果胳膊贴在身体上，就会在身体上形成投影，较为膨胀的袖型会使明暗关系更加明显。复合式的袖型则可以看成是两个或多个几何体的结合，如右侧的羊腿袖就可以看成是半球体和圆柱体的结合。

半裙呈现出圆柱体的体积感，受光面一般位于小腹上方和大腿正面，如果是走动的动态，那受光面位于向前迈出的大腿上；暗面通常位于腰臀和大腿两侧。褶皱在小腹下方和裆部形成横向贯通的长褶，如果是走动的动态，则向前迈步的大腿上方是褶皱立体感最强的部位。

· 短裤的体积感

· 长裤的体积感

短裤呈现出圆柱体的体积感，受光面一般位于小腹上方和大腿正面，如果是走动的动态，那受光面位于向前迈出的大腿上；暗面通常位于腰臀和大腿两侧。褶皱在小腹下方和裆部形成横向贯通的长褶。

长裤呈现出圆筒状的体积感，受光面一般位于小腹上方和大腿正面，如果是走动的动态，那受光面位于向前迈出的大腿上；暗面通常位于腰臀和大腿两侧。褶皱在小腹下方和裆部形成横向贯通的长褶。

· 纵向褶皱的体积感

纵向的褶皱一般是因为松量或工艺制作而产生的，这类褶皱通常长度较长，起伏也很明显，因此会掩盖人体，形成较为独立的空间，其明暗交界线基本呈直线，暗面和投影的面积都较宽。如果有折叠或层叠的结构，还会出现非常深的阴影死角。

· 横向褶皱的体积感

横向褶皱不论是因为面料垂坠感、放松量还是人体运动产生的，基本都包裹着人体，呈现弧形。如果是较为合体的款式，首先要表现出圆柱体或圆台体的体积感，然后再表现褶皱本身的立体感。

· 裙套装的体积感

· 裤套装的体积感

上衣衣身合体，袖子宽松；裤子大腿部较合体，小腿部较宽松。衣身因为合体，所以除了身体两侧的暗面外，还有胸部形成的投影。袖子放量呈半球体，会产生比圆柱体更宽的暗面。在走动时，裤子不论合体或宽松，大腿和膝盖都属于受光面，后面抬起的小腿整个处于背光面。

上身宽松，下身合体的造型。上衣衣身是简洁的箱型，服装的明暗交界线和暗面区域呈直线形，因为衣襟敞开，所以基本没有褶皱。手臂自然下垂，袖子的明暗关系也呈现出圆柱体的体积感。裙子为紧身造型，明暗交界线呈弧线，与身体曲线保持一致。因为腿部动作，小腹和大腿根处会形成密集的褶皱，大腿上方会形成受光面。

Chapter

02

时装画的
基本表现技法

2.1 时装画中的色彩搭配

时装画中色彩搭配的基本规律

色彩是所有设计元素中最能引起情感共鸣的元素，也是所有设计元素中最先被视觉识别的元素。色彩能够给人留下深刻的第一印象，使观者对设计作品有一个直观的认识。对于服装设计而言，除了考虑到服装直接的色彩搭配外，还要考虑到服装色彩和着装者的肤色、发色、妆容之间的搭配是否得当。时装画中的色彩搭配和现实中的服装色彩搭配有一定的区别。时装画是平面化的形式，并且排除了光影、环境对于服装色彩的影响，着装者肤色对服装色彩搭配的影响也有所减弱，但是为了烘托画面氛围，时装画可能会添加背景或其他的装饰元素。无论是单就画面效果而言，还是受到现实生活中更复杂因素的影响，色彩搭配的一些基本规律是可以通用的。

尽管色彩数不胜数，色彩搭配的方式也难以枚举，但是根据设计所需的视觉效果，一般将配色的类型划分为两大类，"融合型"配色和"对比型"配色。

▼ "融合型"配色

融合型的色相或色调较为统一。色相上的统一是指运用同色系的颜色或色相环上相邻的类似色、邻近色进行搭配。"融合型"配色可以形成自然、和谐、统一的视觉印象。

▼ "对比型"配色

"对比型"配色则采用色相、明度或纯度差异较大的颜色来进行组合搭配。在色彩的三要素中，色相的对比更引人注意，但是明度和纯度带来的对比差异也不容忽视。色彩三要素所产生的对比效果，在配色时可以单一使用，也可以综合使用。"对比型"配色多用于表现动感、活泼、冲击力强的视觉效果。

时装画中常用的色彩搭配模式

单一的色彩在设计和画面中的影响力很大，而多种色彩的搭配组合能够展现出更加丰富多彩的视觉印象。我们个人虽然对某种或某些色彩有喜恶之分，但颜色本身并没有"干净"、"肮脏"、"难看"之类的分别，只有通过色彩搭配，才能看出某个色彩合适或不合适：通常能够清晰、明确地传达出设计主题或画面风格的配色被认为是合适、恰当的配色；妨碍或干扰设计主题，对设计理念传达起到反面影响的配色，就被认为是不合适的配色。同时，色彩的搭配也有很强的主观性，因此并不存在"唯一正确"的答案，在配色时不妨多进行尝试，以便获得最佳的效果。

为了提高工作效率，在"融合型"和"对比型"这两大配色类型下，细分出一些常用的色彩搭配模式，可以帮助初学者把握配色的整体性和协调性。

▼ 同色系配色

同色系配色也称为单色系配色，是指通过单一色相的颜色在明度或饱和度上变化，来进行色彩的搭配。

同色系配色在色相上变化较小，因此可以适当加大颜色明度上或饱和度上的对比。此时要注意的是，由于同色系配色形成的是和谐统一的视觉印象，明度差异和饱和度差异二选一即可，否则明度和饱和度会产生"对抗"，影响配色效果。

如果认为同色系配色稍显单调，也可以采用更为变化丰富的"类单色系配色"，即在单一色相的基础上，适当增加冷暖的变化，产生更为微妙、细腻的变化。

在某种程度上，无彩色搭配和同类色搭配可以看作是同一种配色模式，无彩色搭配因为没有色相和饱和度的变化，所以在明度上的对

·色相的融合　　·色相的对比

·明度的融合　　·明度的对比

·纯度的融合　　·纯度的对比

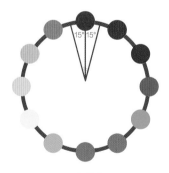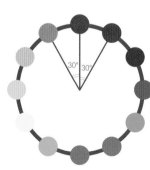

·类单色　　·近似色/类似色

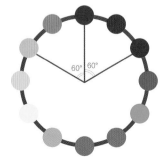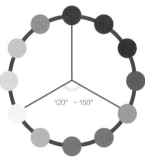

·邻近色　　·对比色

比更加重要。在无彩色配色中，我们可以有意识地使用有彩色作为点缀。

同色系配色优势：整体性强、效果统一和谐、失误率较低。

同色系配色劣势：容易缺少变化、缺乏个性和吸引力。

▼ 邻近色配色

邻近色配色可以细分为近似色配色和邻近色配色，是指色相环上相邻颜色的搭配。通常在色相环上角度范围在 60° 以内的颜色属于邻近色；而近似色也称为类似色，在色相环上角度范围在 30° 以内。邻近色配色也会呈现出自然、柔和、稳定的色彩印象。

邻近色配色优势：主导色明确又不乏变化，与同色系配色相比显得更加生动，不那么单调。

邻近色配色劣势：配色效果受到肤色的影响较大，需要根据实际情况进行调整。

▼ 对比色配色

狭义上讲，对比色配色是指将色相环上位置相对或距离较大的颜色进行组合搭配。通过色彩之间的相互对比和衬托，常常给人华丽、现代、积极、活跃的印象。广义上讲，明度和饱和度上的强烈对比，也可以形成对比色配色。

对比色配色优势：可以营造出强烈的视觉冲击力，给观者留下深刻的印象。

对比色配色劣势：容易形成刺目、凌乱的效果，需要在色彩面积、明度、纯度变化上多下功夫。

▼ 重点色配色

重点色配色也称为强调色配色，属于"对比型"配色，是指在由同色系配色或复杂色调的配色中添加单一颜色来制造视觉焦点的配色方法。重点色一般选择原有色彩的对比色，这种对比既可以是色相上的对比，也可以是明度或饱和度上的对比。该技巧的关键在于将重点色限定在小面积内进行展现，除了色彩上的对比外，面积上的对比也非常重要。

重点色配色优势：重点突出，能形成简洁、凝练的风格。

重点色配色劣势：如果控制不好色彩面积间的关系，或是重点色产生的对比不够鲜明，整个配色效果就容易显得杂乱。

▼ 隔离色配色

隔离色配色是指在众多颜色中，插入某种颜色将原有配色隔开，形成一种新的配色效果。

如果原有配色过于统一，加入隔离色可以起到增加变化、活跃搭配的作用，如在绿色系服装中搭配一双橙色的鞋子就可以起到打破平衡、增加变化的作用，橙色作为隔离色，同时也起到了重点色的作用。

如果原有配色的对比过于强烈，加入隔离色将其分割开，能起到缓和对比的作用，这种情况下的隔离色通常会采用无彩色或低饱和度的中性色。例用黑色的宽腰带将暗绿色上衣和紫红色裤子隔开，起到缓和色彩对比的作用。

隔离色配色优势：可以对原有配色效果进行有效调节。

隔离色配色劣势：选择合适的隔离色需要一定经验的积累，同时也要注意色彩间面积的搭配。

· 同色系配色

· 邻近色配色

服装底色、图案和模特的发色都非常接近，形成了单一色相的搭配，金属饰品和黑色的鞋子可以通过明度上的对比来弥补色相上的相似。

蓝绿色的邻近色搭配形成较为稳重、冷静的色彩印象。配饰采用中性色和无彩色，T恤的图案起到强调色的作用，丰富了色彩的层次。

· 对比色配色与隔离色配色

· 重点色配色

橙色和蓝色作为对比色中对比效果最为强烈的一对补色，能形成极具冲击力的视觉效果。红色的装饰腰头、T恤和丝巾的白色底色以及黑色腰带，起到了缓和对比的隔离作用。

在以蓝灰色系为主的配色中，橙黄色的羽绒服的内层、提包内侧和金属饰品起到了重点强调的作用，形成了视觉中心，使本沉稳的色调一下子活跃起来。

2.2 彩铅的绘制技法

彩铅工具的选择

"工欲善其事,必先利其器"。了解绘图工具能让设计师在绘画的过程中根据表现目的选择相应的工具,不同的工具能够表现出截然不同的画面风格。灵活应用不同的绘画工具,让各种工具恰如其分地为设计工作服务,是每个设计师的必修课。

彩铅是初学者比较容易掌握的一种工具,根据铅芯的不同,彩铅分为不同的品种,特性和用法也有所不同。彩铅既便于勾线,又可以大面积着色,硬质笔芯还适合细节的刻画,再配合其他的工具,可以形成更加多变的效果。

▼ 铅笔

铅笔是我们在学习绘画时最早接触的工具,在时装画中铅笔主要用于起稿勾线,其特点是易于修改。依据铅芯的软硬程度不同,可以分为不同等级:常规软笔芯以 B 为单位,从 B 到 8B,数字越大铅芯越软,画出来的颜色越深,软笔芯在使用时容易上色,但是也容易弄脏纸面;硬芯以 H 为单位,从 HB 到 6H,数字越大铅芯越硬,画出来的颜色越浅,硬芯在使用时不易上色,如果在绘制时用力过大容易损伤纸面。

绘制时装画时,起稿经常使用自动铅笔。和普通绘图铅笔相比,自动铅笔可以绘制出更准确、精细的线条,并且不用不停地削尖笔芯。但是自动铅笔的笔触缺少变化,不像绘图铅笔可以画出有节奏感的线条。自动铅笔的铅芯除了有深浅变化外还有粗细变化。时装画起稿时常用硬度在 2H 到 2B 之间、粗细为 0.5mm 或 0.3mm 的自动铅芯,能够准确、干净地绘制出时装画的细节。

▼ 绘图彩铅

绘图彩铅即市场上常见的普通彩铅,品牌众多,颜色极为丰富,有的品牌彩铅颜色多达五百余种。绘图彩铅的铅芯较硬,便于细节的刻画,不过颜色较为清淡,饱和度和鲜艳度不够,但是可以通过叠加呈现出细腻丰富的颜色,适合表现清新雅致的色调。绘图彩铅是所有彩铅中比较便于修改的品种,能够用橡皮擦除大部分的颜色,不过要注意的是,彩铅的笔尖较硬,在绘制时不要用力过度,避免损伤纸面。

▼ 水溶性彩铅

水溶性彩铅的铅芯能够溶于水,用水调和后,色彩晕染开来,颜色更加明亮艳丽,可以表现出水彩般的透明效果。但是水溶性彩铅的颜色不如绘图彩铅丰富,颜色在水溶时往往需要反复渲染推开,不如水彩畅快淋漓,但是对于刚接触水彩,控制不好调色和水分的初学者来说,水溶性彩铅是一种不错的过渡方式。

水溶性彩铅也可以当作普通彩铅来使用,颜色比绘图彩铅鲜艳,但是因为铅芯较软,容易折断,在反复叠色后容易结块或出现颗粒沉淀,想要克服这种情况,就要选择质地较细腻、容易着色的纸张。

▼ 油性彩铅

油性彩铅是所有彩铅品种中颜色最为鲜艳的,笔触带有一定的蜡质感,色彩相对厚重,但着色顺滑,有的颜色还有较强的覆盖力,形成一种特殊的肌理效果,适合反复叠色。有些品牌的油性彩铅,铅芯较软,易于上色,甚至可以在底色纸上进行绘制,表现出厚涂的效果。油性彩铅的缺点是不容易修改,需要用可塑橡皮小心地粘去颜色,如果用普通橡皮进行擦拭,很容易弄脏画面。

▼ 色粉彩铅

色粉彩铅的铅芯为粉质,具有较强的覆盖力,能通过涂抹、排线、搓揉、喷撒等多种手段形成特殊的画面质感。但是用色粉彩铅绘画容易脱粉,画作难以长期保持,需要完成后喷洒定画液。此外,色粉彩铅不利于细节刻画,因此在时装画中较少选用。

▼ 纸张

彩铅对纸张没有特别严格的要求,从普通的打印纸到专业的彩铅纸都可以使用。但是,为了取得较好的绘画效果,在纸张的选择上还是有一定要求的,以紧密、较厚实的纸张为好,太薄的纸张容易被损伤,太光滑的纸张不易上色,太粗糙的纸张容易起毛。

▼ 橡皮

橡皮只要能将铅笔擦除干净,不损伤纸面即可。时装画中常用的橡皮有三种:一是绘图橡皮,既可以大面积擦除,也可以用边角部分擦除局部;二是可塑橡皮,有着橡皮泥的质感,可以将铅笔线或彩铅擦干或擦浅,便于下一步的绘制;三是细节橡皮,多为笔状,可以用于细节修改,但因为细节橡皮一般质感较硬,在擦除时要小心,以免损伤纸面。

· 油性彩铅

· 水溶性彩铅

· 自动铅笔 0.3mm

· 自动铅笔 0.5mm

彩铅的基本技法

　　彩铅的优点是笔触细腻、叠色自然、容易驾驭。彩铅的技法与素描技法类似，在绘制时装画时可以借鉴素描的方法，通过对用笔力度、角度、方向和行笔方式等的变化，形成多样化的笔触和丰富的层次。但是彩铅的铅芯具有不同程度的半透明性，在叠色时要注意，有些浅色很难覆盖深色，要预先留白。

·平涂	·渐变	·双色叠加	·双色渐变
涂色时力度均匀，笔触不明显，能形成深浅一致的整片颜色。	绘制时使用的力度从重到轻，形成由深到浅的颜色变化。对力度控制得越适当，颜色的深浅变化就越自然。	先绘制一种颜色，再叠加另一种颜色。因为彩铅铅芯的半透明性，两种颜色会在纸面上融合，色相会产生相应的变化。	从深到浅绘制出一种颜色，然后再反方向从深到浅绘制另一种颜色，两种颜色在浅色部分相互交融，形成颜色的自然过渡。

·压痕（留白）	·纸巾揉色	·排线	·交叉排线
先用硬物在纸上划出痕迹或压出凹痕，再用彩铅轻轻涂抹，有压痕的部分无法着色，图案就能显现出来。这种方法也可以用于细节部位的留白。	用纸巾在已经画好的颜色上反复揉擦，使笔触消失，颜色更加细腻柔和。在操作时要注意，不要损伤纸张。	绘制出长度、宽度、间距基本一致的笔触，排线也能形成相应的色调，并产生一种规律和肌理感，笔触的间隙可以再叠加其他颜色。	从不同的方向进行排线，会形成交叉的网格效果，具有粗糙的肌理感。在表现服装面料时，可以用这种方法来表现经纬纱向。

·点涂	·勾勒	·多色渐变	·多色叠加
用涂抹或是短线排列的方式形成小面积色块，点的颜色可以是均匀的，也可以是有深浅变化的。这种方法常用于绘制图案或是刻画重点。	彩铅的笔尖较硬，可以绘制出精细的线条。在勾勒时控制力度，可以让线条在一定程度上产生粗细深浅变化。	和双色渐变的方法一样，通过用笔的轻重来控制颜色的深浅，使色彩之间形成自然柔和的过渡。	多色叠加能够形成细腻丰富的效果，但是要注意，颜色叠加得越多，饱和度就越低，要避免颜色变脏。

彩铅表现步骤详解

01 绘制人体动态，通过肩点连线和胯高点连线确定头部、肩部和臀部之间的关系。头部向左倾斜，右肩下压，胯部向右侧抬起，右侧的腿支撑身体的重量，要将其踩在重心线上。

02 在人体动态的基础上，绘制出人物造型、服装款式和配饰细节。衬衫要表现出足够的松量，手套上的褶皱要注意明暗关系，牛仔裤和皮靴可以表现得简洁一些，与细节复杂的上半身形成节奏感。

03 用相应的颜色勾勒各部分的轮廓线，将不用的辅助线擦除干净，将线稿整理清晰，避免对后期着色产生影响。

04 先绘制皮肤的颜色。在面部用肉色绘制鼻侧面、鼻底面、唇沟和颧骨下方等部位，脖子和手臂要表现出圆柱体的体积感，尤其要加重墨镜在面部形成的投影和头部在脖子上的投影。然后用深灰色平涂出墨镜的底色。

05 用浅棕色绘制头发，注意每绺头发的上下层次关系，被墨镜遮挡的部分可以适当加重。用浅灰色绘制帽子暗部，表现出体积感。绘制帽子上的红蓝条纹，条纹要根据帽子的体积和褶皱起伏而变化。

06 用棕褐色加重每绺头发的阴影部分，尤其要加重帽檐下和脖子后方的阴影部分。用黑色加重太阳镜的暗部，要隐约将镜片后方的发丝透露出来，以表现镜片的半透明感。根据嘴唇的结构，用大红色为其着色。

07 用黑色进一步加重头发的暗部，形成更丰富的层次。笔触要收尖，与亮部的棕褐色形成自然的过渡，以表现头发丝丝缕缕的质感。

08 用浅黄棕色绘制上衣的底色，上衣颜色较浅，在亮部要大量留白。光源位于右上方，因此上衣右侧为受光部，左侧为背光部。在表现出大的体积后，整理出褶皱的形态。

09 用浅灰色淡淡地绘制白色背心的暗部，白色服装的暗部一定要浅，亮部大量留白，否则没有办法体现出白色的固有色。绘制项链，通过强烈的明暗对比来表现金属和宝石的质感。

10 用浅蓝色和橙红色绘制上衣的条纹，右侧上衣较为平整，条纹的宽度和间距要尽量保持一致；左侧褶皱起伏明显，条纹也要有相应的变化。

11 用中黄色绘制手套的底色，手套为皮革材质，有较强的光泽感，在绘制底色时就要预留出高光的形状。

12 用深黄色加重皮革褶皱的暗面。皮革具有一定的厚度，会形成非常鲜明的环形褶，褶皱的明暗交界线和阴影区域的边缘线也较为明显，可以适当进行强调。

13 用橙棕色进一步加重褶皱的暗部，形成更为强烈的明暗对比，来体现皮革的光泽感。暗部的颜色要适当向亮面过渡，在保证强烈的明暗对比时，颜色的层次不能太过生硬。

14 用天蓝色绘制牛仔裤的底色，根据腿部和膝盖的结构来用笔，要表现出大腿呈圆柱体和膝盖呈半球体的体积感，褶皱集中在裆底和膝盖处。强调接缝处的厚度，笔触也可以粗糙一些，来表现牛仔布的厚实、耐磨的质感。

15 给配饰着色。用深绿色绘制靴子，靴子的固有色较深，可以先平铺底色，在鞋头凸起处适当留白。用浅灰色表现出手包的体积感。

16 用蓝紫色叠加牛仔裤的暗部，加强牛仔裤的体积感。选择色相上有所变化的颜色进行叠色，既能增强明暗对比，又能降低颜色的饱和度，表现出牛仔裤做旧的质感。

17 用较深的冷灰色来绘制靴子的暗部。在表现固有色较深的对象时，如果没有合适的颜色来绘制暗部，可以选择不同色阶的灰色来加深。靴子质地光滑，受到环境反光的影响，形成中间深、两侧浅的明暗关系。根据手包的结构，用暖灰色绘制出条纹图案。

⑱ 用深蓝色进一步加重牛仔裤的暗面，然后用黄色和红色点绘出牛仔裤的图案。牛仔裤的图案是一种随机性图案，适当表现出色彩变化即可，因此可以在较深的底色上直接叠加。如果是绘制具象的浅色图案，最好是将图案先预留出来。用翠绿色在靴子上进行叠色，使其和暗部的深灰色自然地融合。用有覆盖力的白墨水绘制裤子和靴子上的白色图案，并提亮高光。

⑲ 添加背景对主体人物进行烘托，背景上的图案和靴子上的图案一致，起到相互呼应的作用。刻画和调整画面细节，完成绘制。

2.3 马克笔的绘制技法

马克笔工具的选择

马克笔简洁潇洒的表现风格，使其成为最受时装设计师青睐的绘图工具之一。受到笔尖形状和性质的局限，马克笔的表现技法相对单纯，但是因其绘制速度快，不利于修改，想要绘制出理想的画面效果并不容易。想要使马克笔时装画达到笔触流畅、艺术感强的理想效果，就必须对马克笔的特性有充分的了解，并通过大量练习才能掌握娴熟。

▼ 不同墨水的马克笔

根据马克笔的墨水性质，一般分为油性、酒精性和水性。油性马克笔快干、耐水、颜色艳丽，但是颜色在干透后会变浅；酒精性马克笔挥发性强，色彩渗透力强，颜色之间的过渡较为自然；水性马克笔的颜色透明度高，笔触清晰，笔触在交叠时会有较为明显的笔痕。此外，还有专门的水溶性马克笔，笔触能够溶于水，可以绘制出接近于水彩的效果。不过，马克笔的墨水对画面效果的影响不是决定性的，通过不同的笔尖形状绘制出不同的笔触，对画面效果的影响更为重要。

▼ 方头马克笔

大部分马克笔都是双头笔尖。方头马克笔的笔尖一端是硬方头，一端是硬尖头，都属于硬笔尖。方头笔尖是由多个面所构成的棱台体，不同的面可以画出不同宽度的色块，笔触均匀，适合用来大面积铺色。如果想要产生变化，通过转动笔尖，可以绘制出宽窄、粗细不同的色块或线条。硬笔尖有弹性，但是弹性较小，可以绘制出较为均匀的线条，也可以通过按压笔尖使笔触的粗细稍有改变。尖笔头可以用于细节的绘制。

▼ 软头马克笔

市场上的软头马克笔有两种，一种是一端软头，一端硬方头；另一种是一端软头，一端硬尖头。与硬笔头相比，软笔头的笔触变化更多、更灵活，收笔时更容易收出笔锋，根据用笔力度的变化，颜色的明暗变化也更明显，能够形成更柔和的色彩过渡。

▼ 高光笔和高光墨水

不论是彩铅、马克笔还是水彩，凡是半透明材质的绘图工具，为了表现出清澈、通透的画面风格，对于受光面一般都会留白。与彩铅和水彩相比，马克笔的留白面积不容易控制精准，所以也可以采用覆盖力强的高光笔或高光墨水来提亮。

高光笔也叫油漆笔，笔尖有硬笔尖和纤维型笔尖两种。硬笔尖的油漆笔与针管笔接近，常见的有 0.5mm 和 0.7mm 两种型号，可以用来勾勒细节或绘制小块高光；纤维型笔尖有一定的弹性，常见的有 0.7mm、1.0mm 和 2.0mm 三种型号，可以绘制出有一定变化的笔触。

高光墨水也叫白墨水，用小描笔蘸取使用，可以绘制出更灵活的笔触，也可以用水粉白颜料或丙烯白颜料来代替。

▼ 纤维笔

纤维笔使用水性墨水，笔触之间可以形成自然的过渡，因此可以用于小面积的染色。纤维笔的笔尖较硬，但是弹性较好，可以绘制出精细且有变化的线条，不过要注意用笔力度，避免划伤纸张。

▼ 小楷笔或美文字笔

马克笔在绘制时因为速度较快，因此在形体或细节塑造上有所欠缺，这一点可以通过明确的轮廓线来弥补。小楷笔或美文字笔的笔尖有较大的弹性，能够绘制出有力、流畅、粗细变化明显的线条，适合用来勾勒轮廓线，尤其适合表现起伏明显、形状多变的服装褶皱。

▼ 针管笔

针管笔的笔尖较硬，运笔灵活，可以绘制出精细且均匀的线条。针管笔中笔尖的直径大小决定所绘线条的粗细，常见的笔尖直径有 0.03mm~2.0mm 的各种不同规格。针管笔有多种颜色，色彩稳定且不易晕染，适合用来绘制五官、头发等细节。

▼ 纸张

不论是哪种性质的马克笔墨水，都具有较强的渗透力。如果纸张较薄，马克笔的墨水容易渗透到纸张背面甚至污染下层纸张。专业的马克笔纸或马克笔本，在纸张背面会有一层光滑的涂层防止墨水渗漏，并且能使马克笔的显色更鲜艳，但是马克笔在纸上留下的笔痕较为明显。如果想要获得更加自然的色彩过渡，也可以选择质地较厚的绘图纸或吸水性较好的卡纸。

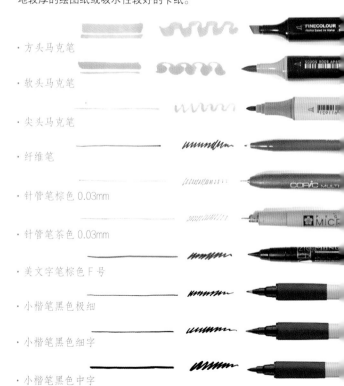

· 方头马克笔

· 软头马克笔

· 尖头马克笔

· 纤维笔

· 针管笔棕色 0.03mm

· 针管笔茶色 0.03mm

· 美文字笔棕色 F 号

· 小楷笔黑色极细

· 小楷笔黑色细字

· 小楷笔黑色中字

马克笔的基本技法

　　马克笔的颜色透明度高，色彩鲜艳，使用快速便捷，但局限也比较明显，其一是受到笔尖形状的限制，马克笔的笔触变化较少，即便是软头笔尖绘制出的笔触也不像水彩那样柔和多变；其二是马克笔的混色效果较弱，单一颜色的深浅变化也不够明显，这就需要在绘制时准备尽可能多的颜色。想要表现出丰富的画面效果，对笔触的控制就极为重要，除此以外，也可以和其他画材混合使用。

·平涂

用笔力度均匀，绘制出宽度、深浅一致的笔触，铺陈出较为平整的色块。注意笔触和笔触之间的交叠处会有一定的叠痕，使用不同品牌的马克笔或者不同种类的纸张，笔触的叠痕会有所不同。

·扫笔

下笔时力度重，收笔时力度轻，运笔速度要快，使笔尖轻扫过纸面，收笔时会产生一定程度的"飞白"，如果是使用时间较长、墨水半干的马克笔，飞白效果会更加明显。扫笔可以形成一定程度的深浅变化，可以用来表现色彩的过渡。

·双色接色

马克笔的混色效果较弱，这一点在进行双色接色时尤为明显，尤其是两种差异较大的颜色，往往会在接色时形成较为明显的笔痕。在双色接色时多用"扫笔"，借助笔触尾端"飞白"的空隙，形成较为自然的过渡。

·同色渐变

尽管马克笔不像彩铅、水彩那样，单色即可产生明显的深浅变化，但是马克笔的色彩经过反复叠加，也会有一定明度变化。在叠色的过程中，墨水在纸面上会自然地洇开，形成自然柔和的过渡。

·叠色

马克笔在色彩调和上有较大的局限性，不过马克笔墨水的透明度较高，采用叠色的方法也可以在纸面上调和出新的颜色。但是，马克笔单色所产生的深浅变化较小，依靠叠色所产生的颜色变化也较少。

·异色渐变

想要产生颜色的自然过渡，另一种方法是选取多种中间色，将两种差异较大的颜色衔接起来。这种方法需要准备足够多的马克笔色号，才能够实现。

·转笔（方头）

方头马克笔的笔尖为多面棱台体，在行笔过程中转动笔尖，使接触纸面的笔尖从一个面转换到另一个面，从而使笔触产生不同的粗细变化，增加笔触的多样性。

·转笔（软头）

软头笔尖在绘制时也可以转动笔尖，在转动笔尖时提笔，能使笔触更快收尖，形成更明显的粗细变化。

·勾勒（软头）

软头笔尖具有较大的弹性，将笔尖立起，使用中锋，就能绘制出有粗细变化的线条。用线条既可以勾勒边缘、强调轮廓，也可以绘制图案细节。

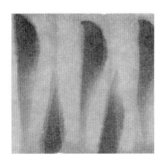

·叠加（方头＋软头）

方头笔尖绘制出均匀的颜色，软头笔尖绘制出有形状变化的笔触，除了通过叠加产生颜色的深浅变化外，还可以利用笔触的变化来形成丰富的效果。

·点涂（方头）

利用方头笔尖，通过短笔触，绘制出小的方形色块。因为笔尖的形状方正，方头笔尖在绘制宽的方形笔触上独具优势，这在绘制方块、条纹、格纹等图案上非常便利。

·点涂（软头）

软头笔尖可绘制更多形状不规则的小面积色块。用笔的力度和方式不同，点的形状也更加多变。

马克笔表现步骤详解

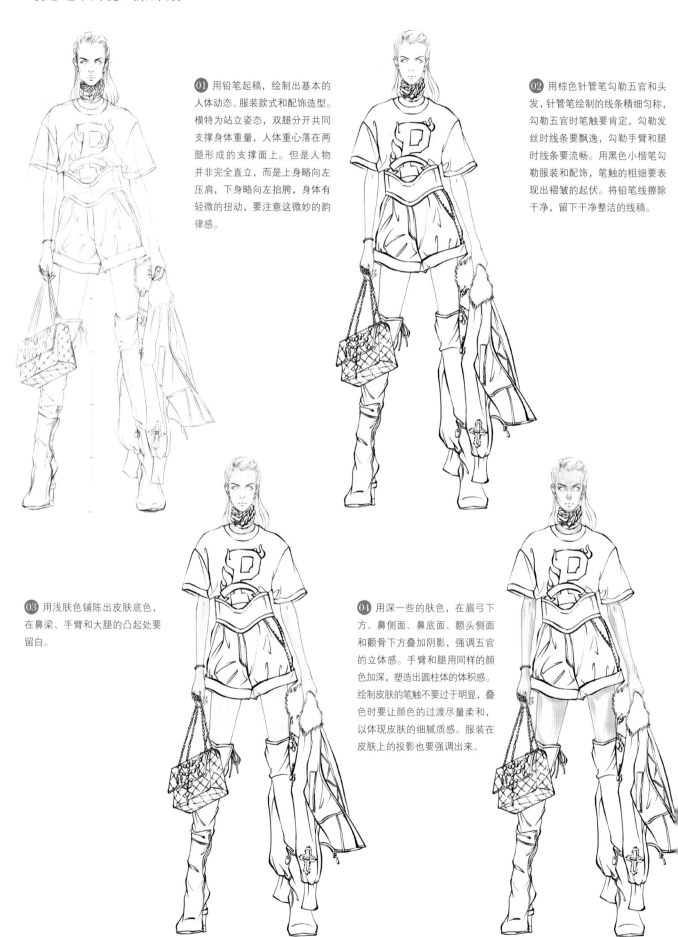

01 用铅笔起稿，绘制出基本的人体动态、服装款式和配饰造型。模特为站立姿态，双腿分开共同支撑身体重量，人体重心落在两腿形成的支撑面上。但是人物并非完全直立，而是上身略向左压肩，下身略向左抬胯，身体有轻微的扭动，要注意这微妙的韵律感。

02 用棕色针管笔勾勒五官和头发，针管笔绘制的线条精细匀称，勾勒五官时笔触要肯定，勾勒发丝时线条要飘逸，勾勒手臂和腿时线条要流畅。用黑色小楷笔勾勒服装和配饰，笔触的粗细要表现出褶皱的起伏。将铅笔线擦除干净，留下干净整洁的线稿。

03 用浅肤色铺陈出皮肤底色，在鼻梁、手臂和大腿的凸起处要留白。

04 用深一些的肤色，在眉弓下方、鼻侧面、鼻底面、额头侧面和颧骨下方叠加阴影，强调五官的立体感。手臂和腿用同样的颜色加深，塑造出圆柱体的体积感。绘制皮肤的笔触不要过于明显，叠色时要让颜色的过渡尽量柔和，以体现皮肤的细腻质感。服装在皮肤上的投影也要强调出来。

05 绘制五官细节。用小楷笔勾勒眉毛和眼眶，仔细描绘出眼睫毛，用浅棕色绘制眼珠，用大红色填充嘴唇。然后用高光笔提亮瞳孔、鼻头和嘴唇的高光。

06 用深黄色绘制头发的底色，根据发丝的走向来用笔，在头顶部分要留出高光，表现出头顶球体的体积感。用深灰色和橙色绘制出颈部饰品的底色，同样要留出高光。

07 刻画头发的层次感，用黄棕色绘制每缕头发的暗部，用棕褐色叠加阴影部分，在绘制时用笔要有轻重变化，使颜色之间能够衔接得比较自然。在刻画细节时，要注意保持住头发的整体体积。添加颈部饰品的暗部。

08 用浅灰色绘制 T 恤的明暗部分，通过笔触的形状来概括褶皱阴影的面积，通过大量的留白来表现白色的固有色。用深一些的灰色填充图案。

09 绘制 T 恤的图案，用不同颜色平涂即可，图案的边缘要保持整齐。如果有叠色，就先画浅色再叠加深色。白色的细条图案可以直接用高光笔来绘制。

10 用稍微深一点的灰色加重 T 恤的暗部，形成更丰富的层次。深色笔触的面积一定要控制得当，不能破坏白色的固有色。

11 用不同深浅的灰色点出细点来装饰图案，点的分布可以轻松随意一些。

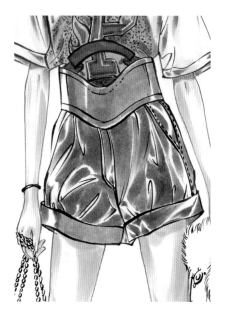

⑫ 用中灰色绘制裤子。裤子为皮革材质，有很强的光泽感，根据褶皱的形态来用笔，在绘制时笔触要明确而果断，留出形状鲜明的高光。

⑬ 用深灰色加重褶皱暗部，塑造出更强烈的褶皱立体感。在保证高光留白的同时，留出反光的区域。因为褶皱形态较为复杂，因此高光和反光的形状都要有所取舍，避免笔触太过凌乱。

⑭ 用黑色强调褶皱的明暗交界线。用橙色和蓝色分别绘制出反光色。越是光滑的材质，受到周围环境的影响也越强。案例中的裤子两侧就受到不同环境色的影响，呈现出互补的色相。

⑮ 绘制外套的底色。外套为两种面料拼接的款式，没有光泽的布料和皮草部分可以先平铺底色，有光泽的部分要通过笔触间的空隙留出高光。

⑯ 用灰色绘制外套的褶皱，加重阴影死角的部分。用笔尖绘制出放射状排列的短笔触，笔触要收尖，表现出皮草的质感。绘制出外套上的金属饰品。

⑰ 为提包和靴子着色。提包是经典的菱格包，每个小菱格都是一个小的棱台体，在铺底色时可以先预留出高光。长靴要先表现出圆柱体的体积，柔软的皮革会产生大量的褶皱，通过控制用笔的速度和转动笔尖的角度来调整笔触的形状，使笔触的形状和褶皱的起伏相契合。

⑱ 用橙棕色绘制提包的暗部，用"点"的笔触为小菱格添加暗部，塑造出菱格的体积感。用棕色绘制靴子褶皱的暗部，初步表现出褶皱起伏的立体感。

⑲ 包盖产生的阴影和包底面的明暗交界线要进一步加重，大略给手包的链条和装饰品着色。用深褐色加重长靴褶皱的阴影，形成较为强烈的明暗对比，表现出皮革的光泽感。

⑳ 用高光笔提亮高光，尤其要强调短裤上的高光，增加面料的光泽感。选择能和人物及服装相搭配的颜色来绘制背景，背景不用过于复杂，对画面稍有衬托，起到丰富画面的效果即可。对画面细节进行整理，完成绘制。

2.4 水彩的绘制技法

水彩工具的选择

水彩颜料的透明度较高，色泽亮丽，色彩之间易于调和。通过对水的控制，可以形成不同的浓淡干湿深浅的变化，产生水色交融、淋漓畅快的画面感，可以快速进行大面积铺色。借助于不同的媒介剂和辅助工具，水彩还能产生很多意料之外的效果和肌理，增加画面的艺术性。可以说水彩是表现效果最为丰富的画材之一，但是也有一些局限：其一，水彩的技法和最终呈现效果受到画材的影响较大，不同品牌的颜料、不同材质的纸张、不同性质的画笔和媒介剂，都会产生不同的效果；其二，水彩采用软笔尖的水彩笔或毛笔绘画，虽然可以画出非常多变的笔触，但是笔触难以控制，尤其是在绘制细节时软笔尖更难控制精准，需要对画材性质有充分了解和大量的练习，才能轻松洒脱地运用水彩。

▼ 水彩颜料

水彩颜料较为耐用，少量的水彩颜料就能够使用很长时间，即使颜料长时间存放或完全干燥，加水调和后仍然能够使用，并且不会对表现效果产生太大影响。

水彩颜料的品质一般通过透明度、延展性和稳定性来判断，透明度指的是颜色的通透程度，延展性是指颜料在纸张上遇水的扩散程度，稳定性是指作品完成后颜料是否会因为氧化和日照而分解褪色。此外，颜料的鲜艳程度也很重要。不同品质的水彩颜料，价位相当悬殊，大多数画材品牌会将水彩颜料划分为"学院级"和"艺术家级"，初学者可以选择平价品牌的"艺术家级"颜料或是专业品牌的"学院级"颜料。

市面上的水彩颜料通常为管装水彩颜料和块状的固体水彩。管装水彩颜料挤出后就能直接使用，固体颜料更为浓缩且便于携带。不同品牌的颜料会存在一定的色差，但是不论哪种品牌的水彩颜料，和其他工具种类相比都具有易于调色的优势：在绘制时装画时，彩铅一般需要准备 48 色，马克笔一般需要准备 60 色到 80 色，而水彩颜料一般 24 色就已经能够满足调色的需求。

▼ 水彩笔

水彩笔的种类非常多，不同形状和材质的笔尖能够形成非常多样化的笔触效果。常见的水彩笔笔尖形状有尖头、圆头、猫舌形、扇形等，可以分别用于勾勒、点染或大面积铺色。画笔材质主要分为动物毛与人造毛。

专业的水彩笔一般采用貂毛或松鼠毛，貂毛笔弹性大、聚锋性好、储水量大，既可以刻画细节，也可以铺陈色彩；松鼠毛笔的弹性和聚锋性稍弱，但储水量更大，可以点染及大面积铺色。这两种画笔都价格昂贵，可以用中国画毛笔来代替。狼毫笔笔尖有弹性，聚锋性好，但蓄水性稍弱，可以用于小面积染色和勾勒细节；羊毫笔笔尖柔软，蓄水量大，但是笔锋聚拢性弱，适合大面积平涂或渲染；另外还有兼毫笔，这种笔的笔尖内层为狼毫，外层为羊毫，有一定的聚锋性和蓄水性，可以画出多种笔触。

此外，人造毛画笔主要使用尼龙纤维，笔尖极具弹性，聚锋性好，但是储水量少，适合用来勾线或绘制细节。尼龙纤维容易变形，因此这种画笔价格较低，使用寿命也比较短。

初学者一般准备三到四支大小型号不同的画笔，分别用于勾线、刻画细节、小面积染色及大面积铺色。

▼ 水彩纸

水彩以水作为主要的调和媒介，在绘画过程中，纸面需要吸收较多水分，普通纸张容易起皱，为了充分发挥水彩的艺术特色，使用专业的水彩纸是较好的选择。

水彩纸根据材质分为木浆纸、棉浆纸和木棉混合纸。木浆纸干燥较快，笔触较为清晰，适合简洁明快的画风。棉浆纸的吸水性好，显色性好，反复叠色纸张也不会起皱，能够让颜色和水分在纸面上进行充分的调和或扩散，体现出画面的层次感，是非常理想的纸张。纯棉浆水彩纸价格昂贵。在日常练习中，可以选择木棉混合的水彩纸。

此外，水彩纸的表面纹理还有细纹、中粗纹和粗纹的区别，纸张纹理会对笔触产生一定影响。时装效果图的细节较多，尤其是需要对人物面部进行刻画，所以选择细纹或中粗纹的纸张较多。

·狼毫勾线笔

·狼毫小号染色笔

·狼毫中号染色笔

·松鼠毛大号染色笔

水彩的基本技法

水彩的技法关键在于对水的控制，通过不同的用水量、用水的形式、用水的时机等，再结合软笔尖的表现力，能够形成非常具有感染力的艺术效果。水彩在调色上极具优势，除了在调色盘上将不同的颜色进行充分的调和外，还有一部分色彩调和是在纸面上完成的，不论是叠色还是混色，都可以形成极为生动的层次变化。

· 平涂

用水将颜料调和充分，用连续不断的笔触进行绘制，笔触之间可以自然衔接，形成均匀的颜色。大笔侧锋可以快速进行大面积铺色，小笔中锋也可以进行平涂，只要水分较为充足，颜色就能自然融合。

· 渐变

水彩通过渲染，可以很轻松地绘制出渐变效果。水彩颜料具有从干燥处向水分充沛处流动的特性，先绘制出颜色较深的笔触，再用清水在笔触边缘进行引导，颜色会自然扩散开，形成柔和的渐变效果。

· 干画法

笔尖含水量较少，在绘制时笔尖和纸面的摩擦较大，笔触较为清晰，根据含水量的不同，笔触还会产生不同程度的"飞白"，如果水彩纸有一定的颗粒感，笔触还会产生不同的肌理。

· 湿画法

先在纸张上平铺清水，然后再进行绘制，笔触在纸面上会自然晕染开，形成水色淋漓的效果。笔触的晕染有一定的随机性，晕染的程度会受到纸张湿度和颜料品质的影响。湿画法很难控制笔触的具体形态，因此常用在铺大色或背景烘托上。

· 双色接色

先绘制一种颜色，再绘制另一种颜色，在两种颜色的交界处用清水进行调和，两种颜色会自然衔接，形成柔和的过渡。也可以将两种颜色同时绘制在湿润的纸张上，等待边缘的自然融合。

· 叠色

水彩颜料的透明度较高，同色相叠，可以起到逐层加深的作用；如果是异色相叠，下层的色彩会透出来，形成色相上的调和，也就是所谓的"二次调色"。在叠色时，如果下层颜色已经半干，叠加的颜色会形成水彩边，有一种特殊的肌理感。

· 破色

破色又称为撞色，是趁一个颜色湿润时，用另一种或几种颜色去冲撞或打破原有的颜色，使颜色间相互交融，形成趣味性的效果。破色也讲究时机，破早了，可能会完全覆盖原有的颜色；破晚了，原有的颜色不会被冲开，形成不了理想效果。

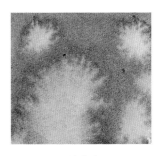

· 滴水法

趁底色湿润时，将清水滴在颜色上，水会将未干的颜色向四周推开，使颜料的颗粒在水滴的边缘堆积，形成锯齿状的水彩边。水量越大，纸张吸水性越弱，颜料颗粒越大，水彩边的效果越明显。通常而言，木浆纸比棉浆纸更容易产生水彩边。

· 撒盐法

在未干的颜色上撒上盐粒，盐会吸收水分，在颜色干燥后抖掉盐粒，就会留下雪花状的肌理。撒盐时，如果纸张上积水太多，盐粒可能会被完全融化；如果水分太少，盐粒则无法吸水，也会失去作用。

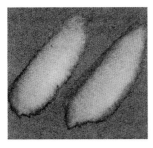

· 洗色

在颜色未干时，用清水笔蘸洗颜色，可以将颜色洗掉一部分。洗色法可以用于提亮颜色，也可以制作肌理。但是这种方法的使用与纸张材质和颜料的品质有关，有的纸张和颜料容易将颜色洗掉，有的则难以操作。

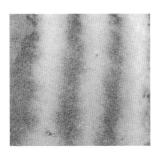

· 水冲法

在颜色未干时，滴上水滴，再将纸张倾斜，水滴就可以冲洗掉一部分颜色，形成"水道"。同样，这种方法的效果也会受到纸张材质和颜料品质的影响。

· 勾勒

将笔尖上的水分控制得当，用中锋进行勾勒，通过对用笔力度和角度的控制，软笔尖可以绘制出粗细变化鲜明的线条。但是，软笔尖不易控制，尤其是在绘制弧线时，更要稳住，可以巧妙地使用手腕的力道。

水彩表现步骤详解

01 用铅笔起稿，绘制出模特的动态，通过头、肩、腰、臀的关系，表现出走动时髋部摆动的感觉。绘制出重心线，检查动态是否稳定。

02 绘制出人物的五官、发型和裙子的款式。裙子的胸腰臀基本贴体，呈现出女性身体的曲线感。裙摆散开，因为双手提起裙摆，褶皱的层次和方向会发生相应的变化。

03 用玫瑰红调和土黄色，再用大量清水稀释，形成轻薄透明的颜色来绘制皮肤。用水稀释中黄色后，绘制头发的底色，头顶部分留出高光。

04 用稍深的肤色叠加出皮肤的暗面和阴影，表现出五官结构的立体感以及脖子、手臂圆柱体的立体感。服装和配饰在皮肤上的投影也要表现出来。

⑤ 在肤色中加入少量的赭石色和玫瑰红，进一步加重眉弓下方、眼窝、鼻底面、颧骨下方的阴影面以及面部在脖子上的投影。勾勒眉毛、眼眶、上眼睑和唇中缝，用蓝灰色绘制虹膜，点出瞳孔，用朱红色绘制嘴唇，再用高光笔点出瞳孔、鼻尖和嘴唇的高光。

⑥ 用中黄色调和少量的赭石色及熟褐色，根据发丝的走向绘制头发，继续保留头顶的高光，整理头发的层次，加重耳后和脖子后方的大面积阴影部分。通过不同弧度的笔触来表现头发自然翘起的感觉，笔锋一定要收尖，表现发丝的纤细感。

⑦ 在肤色和头发颜色干透后，用黑色绘制耳环和项链，笔触上水分要适量，绘制饰品的笔触要肯定，并留出高光，用强烈的明暗对比来表现金属的质感。

⑧ 用湿画法绘制裙子的底色，裙子为丝绸材质，有较为强烈的光泽感，需要适当添加环境色的反光来突显材质感。先在裙子上平铺一层清水，趁纸张未干时用浅镉红色绘制裙子底色，留出高光，让颜色在纸面上形成自然过渡。在身体两侧、两腿间的阴影处和被提起的裙摆褶皱处叠加浅紫色，使其和底色自然融合。用调和大量清水的深红色绘制裙子的内层，平铺浅茜红色绘制手套，平铺浅群青色绘制鞋子。

⑨ 用稍深的镉红色，表现出胸部的体积感，叠加右腿的暗部区域，表现出两腿的前后关系。待到底色基本干燥后，整理出服装的褶皱关系，通过笔触的形状变化来表现褶皱的暗面，注意要保持高光处的留白。

 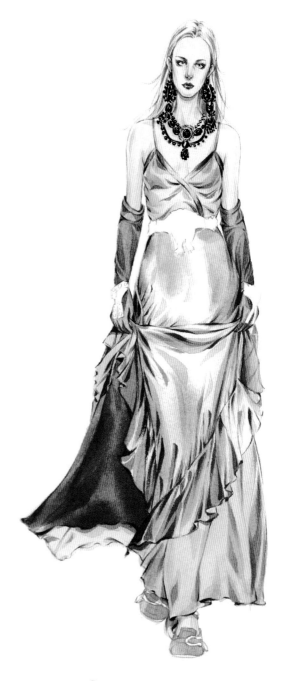

⑩ 用镉红色调和适量清水，整理褶皱细节，表现出褶皱的立体感。因提拉裙摆而产生的褶皱有明显的方向性，荷叶边的褶皱也较为密集，在绘制时要注意取舍，不要破坏整体的体积感和层次感。用群青色调和紫色，再用水稀释，明确反光处的环境色。

⑪ 用镉红色调和深红色，控制笔尖水分，叠加褶皱阴影的死角，进一步强调褶皱的立体感。用同样的颜色渲染裙摆的底层，拉开裙摆的前后空间层次感。

⑫ 精细刻画出腰带、手环 、鞋等配饰，绘制
细节时可以适当控干笔上的水分，使笔触清晰
肯定。用群青色调和大量清水，淡淡地叠加在
裙摆上，增加环境色的变化。用白墨水绘制腰
带上的图案细节并提亮高光，进一步表现出丝
绸的光泽感。

⑬ 添加背景，背景不需要太过复杂，能适当
地烘托画面即可。整理画面细节，完成绘制。

2.5 时装画中综合材质的应用

彩铅与水彩的综合应用

用彩铅绘制的时装画大多精致细腻，但是绘制速度较慢；用水彩绘制的时装画畅快淋漓，但是软笔尖不易控制，绘制细节多有不便。将两种工具结合，可以发挥各自的优势，弥补另一种材质的不足。需要注意的是这两种画材的绘制顺序，如果是先用彩铅进行绘制，则应该选择绘图彩铅或油性彩铅等不溶于水的彩铅类型，避免水彩着色后晕染开彩铅的笔触；如果是先用水彩进行绘制，则最好在水彩干透后再使用彩铅，那时即便是水溶彩铅也可以进行叠色。

▼ 彩铅与水彩的综合应用步骤详解

01 先确定垂直的重心线，定位头身比关系，然后用长线条绘制出模特的动态。模特向身体右侧压肩，臀部运动方向与肩相反，身体形成右紧左松的节奏感。身体的重心落在右脚上，向后抬起的左小腿因为前后透视关系，会产生较大的弧度。

02 绘制出五官和发型细节，头发卷曲蓬松，在表现时用一组组有弧度的短线来表现，这类发型细节很多，要将其看作是一个整体来归纳整理。服装是基本合体的款式，要明确款式各部位和人体间的关系，尤其是肩、腰、膝盖等关节凸出的部分，要表现出服装包裹着人体的状态。

03 擦除辅助线，适当清理铅笔稿后，根据绘制对象的固有色来选择彩铅的颜色，用彩铅明确模特和服装结构转折处的明暗交界线，将模特和服装的受光面及背光面进行区分。面部柔和的反光色和眼影的颜色也用彩铅浅浅地交待出来。

04 用水彩平铺出皮肤底色。用玫瑰红调和土黄色，再添加大量清水，将颜色稀释得非常稀薄透明，来绘制皮肤的底色。平整没有笔触感的色块能表现出皮肤的细腻，彩铅所绘制的暗部能够透露出来。

05 适当控干画笔，用上一步调和肤色的方式调出较深的肤色，加重眉弓、眼眶、鼻底、额头侧面、颧骨、唇沟、下巴和脖子的暗部及投影，笔触的形状和暗部的形状保持一致。

06 用小描笔仔细勾勒出五官细节，眼珠要留出高光。调和朱红色和大红色，用来绘制嘴唇，着色后可以适当强调唇中缝。

07 用桔红色调和少量赭石色，再大量加水，来绘制头发底色。先忽略发卷的细节，将头发看作一个整体，表现出体积感。

08 可以将小发卷看成一个个半球体，用彩铅区分出明暗面来表现发卷的体积感，根据发卷的起伏方向来用笔。添加发卷的暗部时，仍然要保持住头发的整体体积感。

09 用水彩叠色绘制头发的暗部。发卷的细节由彩铅绘制完成，在叠加水彩时只需要绘制出从深到浅的渐变色，即可表现出头发蓬松的质感。额头发根处、耳后、颈后和肩部的阴影部分，在水彩干透后再用深褐色彩铅进行强调。

10 用赭石色调和大量清水，绘制高领衫的底色，领口、肩部和褶皱的受光面适当留白。在赭石色中加入少量熟褐，绘制服装褶皱的暗部，根据人体结构和褶皱的起伏来控制笔触的走向。用橙黄色绘制耳环，白墨水提亮高光。

11 用佩恩灰调和大量清水，绘制外穿吊带的底色。服装款式较为合体，面料较为挺括，因此褶皱较少，着色时留白受光面，重点表现出圆柱体的体积感。用橙黄色绘制纽扣，等其干透后再用灰色绘制镶边、口袋和腰带。

12 用彩铅绘制格纹图案。腰节上部的格纹为直纱，腰节下部的格纹为斜纱，根据纱向来绘制图案。格纹的间距和宽窄尽量保持一致，在遇到褶皱时要产生相应的变形。格纹图案附着在服装上，明暗关系也要和服装保持一致。

⑬ 用橙黄色调和少量赭石色来绘制裤子的底色，合体裤要表现出圆柱体的体积感，膝盖处可以适当强调结构的转折。

⑭ 在上一步调和好的颜色中，加入少量的土红和熟褐，趁着底色未干透，加重裤子的暗部，使暗部的颜色和底色能够自然融合，进一步突显出腿部的体积感。待颜色干透后，再加深裆部、膝盖和裤脚处的褶皱暗部，抬起的左小腿因为背光颜色更重一些。

⑮ 绘制包和鞋。用土黄色调和赭石色绘制手包，手包为立方体，转折比较硬朗，再加上有镶边，可以更明确地表现出包的结构。因为质地较硬，包的褶皱很少，通过笔触的形状来表现即可。用浅灰色绘制鞋头，鞋头的转折也较为明确，根据其结构来用笔。用黑色绘制鞋面和鞋底，要留出高光。用排列的短笔触绘制鞋头的装饰物。

⑯ 用白墨水提亮高光。为了保持水彩清透的风格，大面积的亮面一定要在着色时提前规划好留白。小面积的高光或提亮可以使用有覆盖力的白墨水或丙烯颜料，对细节结构进行整理和强调。

⑰ 用中黄色绘制背景，用橙黄色绘制人物在地面上的投影，用以衬托和完善画面。

马克笔与水彩的综合应用

马克笔和水彩同属半透明材质的工具，水彩在采用干画法或者快速画法时，笔触的形态和马克笔非常接近；马克笔，尤其是软头马克笔，在反复叠色后的一些效果也接近水彩。这两种工具结合使用时，应该强调两者之间的不同特点，如马克笔灵活的笔触变化和水彩的大面积渲染等。如果两种画材都强调笔触的变化，那呈现出的画面效果就如同使用单一画材，失去了综合应用画材的意义。

▼ 马克笔与水彩的综合应用步骤详解

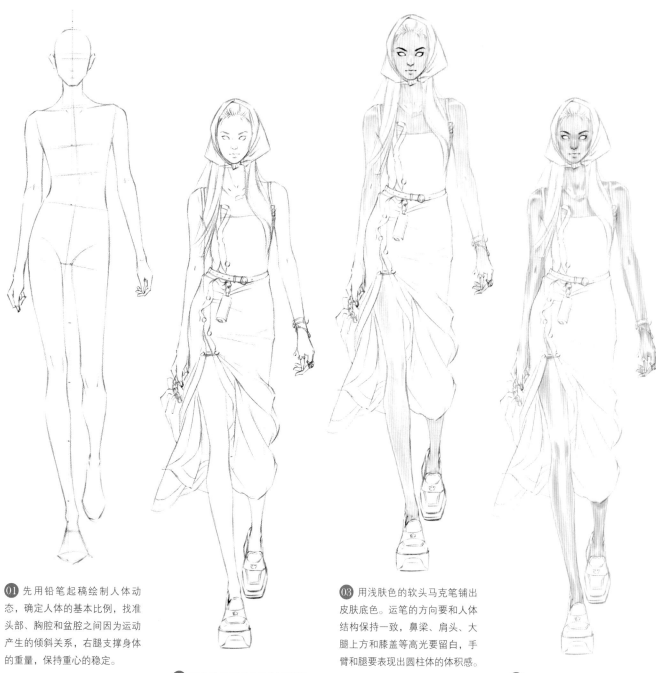

01 先用铅笔起稿绘制人体动态，确定人体的基本比例，找准头部、胸腔和盆腔之间因为运动产生的倾斜关系，右腿支撑身体的重量，保持重心的稳定。

02 在人体的基础上绘制出服装款式，连衣裙较为合体，服装的轮廓贴合身体的曲线。开衩的裙摆一侧翻折，一侧因为走动形成拉伸的褶皱，左腿膝弯处也有堆积的褶量。头巾包裹住头部，内侧线条呈弧线贴合头顶和脸部，头巾外角张开，呈现出内圆外直的状态。

03 用浅肤色的软头马克笔铺出皮肤底色。运笔的方向要和人体结构保持一致，鼻梁、肩头、大腿上方和膝盖等高光要留白，手臂和腿要表现出圆柱体的体积感。

04 用稍微深一点的肤色色号，进一步塑造面部和四肢的体积关系。在绘制面部时，所使用的笔触形状要尽量准确地表现出面部结构，对锁骨、肘窝、手指、膝盖等关节点适当进行强调。后方的左小腿整体处于暗部，要适当加深。

05 深入刻画五官细节。用浅草绿和天蓝色的软头马克笔叠加出颇具装饰效果的眼影，用珊瑚红绘制嘴唇，用深灰色绘制虹膜。然后，用深褐色的小楷笔勾勒眉毛，用黑色针管笔勾勒眼眶，绘制出瞳孔。嘴角和唇中缝也适当强调一下。

06 用水彩绘制头发、服装和配饰的底色。头发的底色用佩恩灰调和少量的凡戴棕再大量加水，裙子使用稀释后的石绿色，手包使用稀释后的孔雀蓝色，鞋子使用稀释后的古紫色，金属饰品用高饱和度的橙黄色打底。头巾、肩带、腰带、鞋底、裙子的饰边和裙内侧，都可以使用黑色来绘制，只是根据颜色深浅的不同，加入不同的水量。用白墨水提亮面部高光，尤其是点出瞳孔高光，表现出眼睛的神采。深色头巾和鞋，通过控制笔触，预留出高光。

07 选择和水彩底色相匹配的马克笔色号来塑造体积感。不论是头发的层次还是褶皱关系，通过用笔的力度和方向来控制笔触的形状，表现出明暗关系。

08 用水彩绘制印花图案。先用湖蓝色调和少量群青色，绘制出条状纹理。用朱红色点绘出花朵图案，可以借助于笔尖的形状绘制出一头尖、一头圆的花瓣形状。叶片采用古紫色，同样通过收尖笔锋的笔触来绘制。腰线上的图案可以重点绘制，颜色更饱和，花型更精细；腰线下的图案可以绘制得简略一些。用黑色整理发丝细节，进一步刻画配饰。

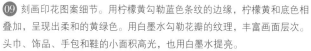

⑨ 刻画印花图案细节。用柠檬黄勾勒蓝色条纹的边缘，柠檬黄和底色相叠加，呈现出柔和的黄绿色。用白墨水勾勒花瓣的纹理，丰富画面层次。头巾、饰品、手包和鞋的小面积高光，也用白墨水提亮。

⑩ 用清水润湿背景，要小心地避开头巾、头发的主要部分和手臂，清水的边缘轮廓一定要清晰准确，这样才能避免颜色在扩散时混染到其他地方。在清水未干前，用稀释后的群青色和草绿色绘制背景，让两种颜色在纸面上自然混合扩散，形成自然渐变的效果。待纸张干透后，用佩恩灰绘制脚底的阴影。调整画面细节，完成绘制。

综合材质应用范例

2.6 时装画中配饰与图案的表现

时装画中配饰的表现

配饰设计是一个专门的研究领域，需要极强的专业技能。但是在时装领域，配饰往往是不可分割的一部分，各种各样的配饰能够成为服装搭配中不可或缺的细节，起到锦上添花的作用，有的配饰甚至能成为整个时尚造型中的亮点，在商业时尚插画中，配饰还经常作为独立的主体单独表现。考虑到服装结构要符合人体，服装面料主要是柔软的纺织物。与之相比，配饰在材质和造型上的变化可谓琳琅满目，在时装画中将各种配饰恰到好处地表现出来，能够使细节更为丰富，画面更加耐看、更有层次。

▼ 不同类型配饰与人体及服装的关系

配饰的选择并非随心所欲，要么与服装的风格相一致，对服装进行修饰和完善；要么与服装风格产生对比，形成视觉焦点。除了装饰性以外，有的配饰还具有功能性，在设计时要考虑到人体、服装和配饰三者间的关系，才能取得理想的效果。

影响服装廓形与比例的配饰

如果只将目光放在服装本身，能影响其廓形和比例的配饰只有一种，那就是腰带。通过系扎，腰带可以将原本宽松的服装收紧，使服装腰部贴合身体。如果是大松量的A形服装，用细腰带系扎，可能会产生钟罩形或鸟笼形的廓形；如果是松量稍小的H形服装，用宽腰带系扎，就可能得到X形的合体造型。而腰带系扎的位置可以调节上下半身的比例，形成突显胸部、拉伸腿部的高腰造型，或是掩盖腰臀部曲线的低腰直筒造型。

如果将目光放到着装者的整体造型上，那影响廓形和比例变化的配饰就更多了，如造型夸张的帽子、超大手袋、高跟鞋等，都可以使廓形和比例关系发生变化，进而改变整体造型的风格。

受人体结构影响的配饰

受人体结构影响较大的配饰首先是"一头一尾"，即帽子和鞋子。除去设计夸张、具有戏剧效果的装饰性帽子，凡是具有一定功能性的帽子，其帽围必须与头围相契合，帽顶必须具有相应的高度。鞋子更是要合脚，不论鞋跟的高度如何，鞋头鞋面的造型如何，鞋子可以说是所有配饰中对功能性要求最高的品类。

此外，紧贴人体佩戴的首饰和腰带也会受到人体结构的影响，和服装一样，配饰越贴体，受人体结构的影响越大，大多数首饰和腰带会呈现出包裹着人体的圆环状。

腰带将宽松的西服收紧，改变了上装原本呈现的A形廓形。

帽子、太阳镜、项链、腰带、鞋子，这些配饰或穿或戴或系扎，都和人体贴合，受到人体结构的限制。

具备独立造型的配饰

具有独立造型的配饰可以分为两类。

一类是完全不和人体发生关系，造型非常自由的配饰。最具代表性的是各种包袋，立方体的、球体或半球体的、圆柱体的、三角棱台体的、扁长形的、马鞍形的，数不胜数，除了造型外，大小厚薄也各不相同。不过值得注意的是，一些装有长包带或长链条的包袋，或背、或挎、或系在腰间时，会对宽松服装的廓形产生影响。

一些贴、挂在服装或人体外侧的配饰，造型也相当独立，比如胸针、挂件、贴标等。

另一类是部分结构受到人体和服装的影响，部分结构不受影响的配饰。配饰的材质比服装更加丰富，很多坚硬的材质能够提供的立体支撑也比柔软的布料更大，只要有了足够的支撑力，配饰脱离人体的部分就可以设计出相对自由的造型。以帽子为例，只要帽圈部分能固定在头部，那帽顶和帽檐部分就可以进行各种改变，还可以在其上添加不同的装饰。

手包的造型独立于人体，不受人体或服装的限制，呈现出立方体的造型。编织的草帽，帽圈要扣合头围，帽山要有足够的高度，但帽檐的造型就相对自由。

靴子的造型要贴合小腿和脚部，但是装饰的系带借助于皮革坚韧质地的支撑向外张开，形成较为夸张的造型。

斜背于前胸的挎包具备独立的造型，但是包带的缠绕起到了类似系带的作用，将原本宽松的西服收拢，对服装的廓形产生了影响。

▼ 不同类型配饰的表现

配饰的类型极为繁多。在绘制时，一方面要考虑到配饰和人体结构之间的关系，尤其是受到人体结构影响和限制的配饰，其明暗关系和体积关系要和人体保持一致。另一方面，要将配饰的造型和材质充分地展示出来。

腰带的表现

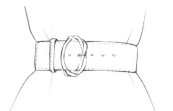   

01 绘制出腰带的线稿。腰带系紧腰部，呈现出圆弧形的透视。仔细描绘腰带扣缠绕的造型。

02 绘制腰带和金属扣的底色。腰带可以用方头马克笔绘制，笔触之间留出高光和反光的形状。金属扣用软头马克笔绘制，同样留出高光。

03 用深灰色的方头马克笔加重皮带的暗部。因为受到反光的影响，暗部区域呈现出明显的块状，要用大小、宽窄不一的笔触来表现。用橙黄色叠加反光。用土红色加重金属扣的暗部。

04 用更深的灰黑色强调腰带的明暗交界线和阴影的死角，表现出更细微的光影变化。用熟褐色加重金属扣的阴影死角。不论是金属还是皮革，都需要通过强烈的明暗对比来表现其光泽感。

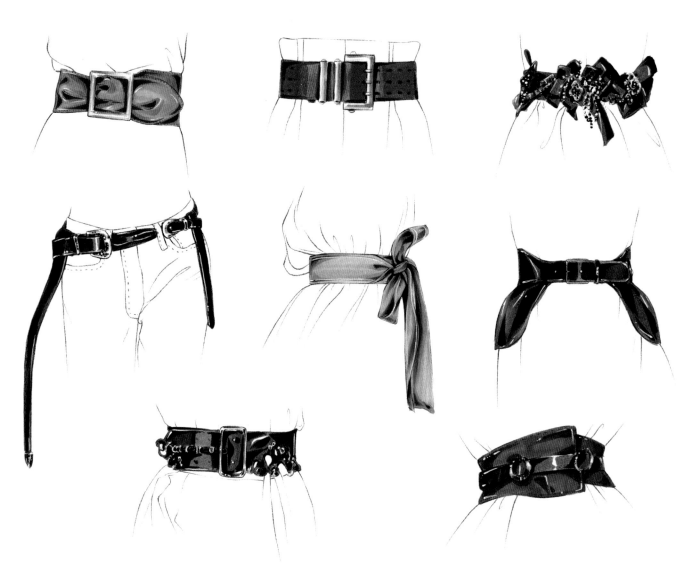

· 腰带表现范例

帽子的表现

① 绘制线稿，帽圈要符合头部围度，帽子的高度要足以容纳头顶。帽顶为不对称的造型，因为是软材质，所以会根据头顶的形状展示弧形褶皱。

② 先平铺皮肤、头发和眼镜的底色。帽子在这一步就可以通过控制力度和叠色，使笔触呈现出一定的深浅变化，用来表现帽子的体积感。帽顶的受光面颜色稍浅，帽顶面和侧面的转折处要留出高光，帽圈正面用笔触整理出高光的具体形状。

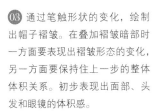

③ 通过笔触形状的变化，绘制出帽子褶皱。在叠加褶皱暗部时一方面要表现出褶皱形态的变化，另一方面要保持住上一步的整体体积关系。初步表现出面部、头发和眼镜的体积感。

④ 刻画妆容和眼镜的细节，加重眼镜在面部的投影，形成完整的头部造型。

· 帽子表现范例

鞋靴的表现

01 绘制线稿。鞋的结构和透视要与脚保持一致。案例绘制的是平跟鞋,左脚踩地,要将前后透视的关系表现出来。仔细整理好绑带上下交叉的关系。

02 绘制底色。用浅肤色绘制皮肤,控制笔触留出高光,表现出腿部圆柱体的体积感。用桔黄色绘制内侧鞋面,用深灰色绘制系带,平铺出颜色即可。

03 叠加鞋子的暗部和阴影部分,表现出鞋子的体积感。绑带缠裹着的腿部表现出圆柱体的体积感,绑带交叉的部分通过阴影来区分上下层次。

04 用较深的肤色,进一步强调皮肤的明暗对比,加强体积感。绑带在皮肤上的投影也要强调出来,表现出绑带的厚度。用高光笔提亮装饰部件,完善细节。

· 鞋靴表现范例

包的表现

① 用铅笔起稿，包的整体为圆柱形，有斜向的菱格纹，包带、链条、抽绳和金属件都要仔细描绘出来。

② 用小楷笔勾线。每一个菱格都是一个独立的单元，在勾线时就要通过线条的粗细表现出菱格凹凸的起伏。

③ 用中灰色绘制皮包的底色，菱格的高光有较为明确的区域，要通过笔触的形状预留出来。用桔黄色绘制金属件的底色。

④ 用深灰色绘制菱格的暗面。除了菱格本身所呈现的棱台体外，皮包整体要表现出圆柱体的体积感。皮革的光泽感强，受到环境的反光鲜明。用赭石色叠加金属件的暗部。

⑤ 用黑色强调菱格的明暗交界线和阴影死角，进一步增强皮革的光泽感。用白墨水提亮金属件的高光，完善细节。

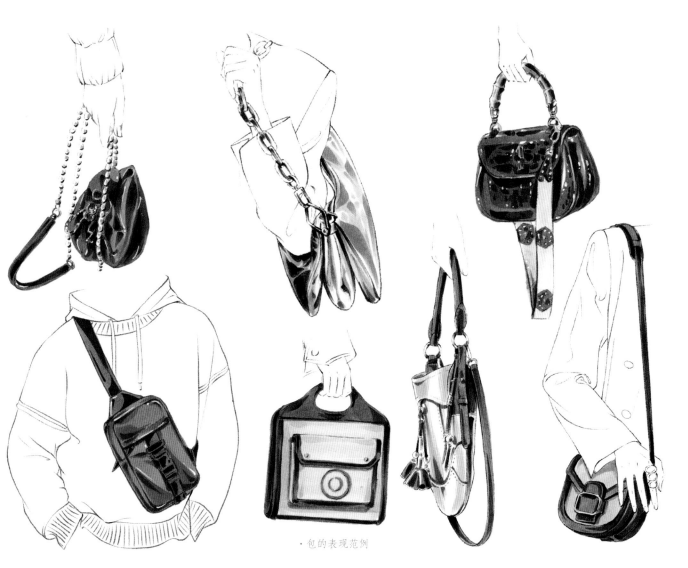

· 包的表现范例

首饰的表现

　　首饰的材质非常丰富，传统首饰材质以贵金属和各种珠宝为主，现代首饰则包含了塑料、玻璃、木料、羽毛等更为广泛的材质。在表现首饰时，除了注意首饰和人体的关系外，还要重点表现不同的材质特点。

珍珠的表现

01 绘制线稿。项链环绕着脖子，整体形成圆柱体，每颗珠子都是一个球体。要注意珠子前后的透视和遮挡关系。

02 用浅蓝色和暖黄灰色绘制出珠子的暗部，利用弧形的笔触初步表现出球体的体积感。珠子之间的金属连接件用对比强烈的色彩来表现金属的光泽感。

03 用褐色绘制珠子的明暗交界线，进一步突显珠子的立体感。用饱和度较高的中黄色叠加环境色，增强珠子的光泽感。在添加细节的过程中，一定要保证高光留白的面积，这样才能体现珠子的固有色。

切面宝石的表现

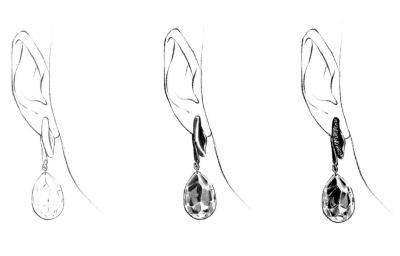

01 绘制线稿。耳坠的重点是泪滴形的宝石，宝石的切面要表现出来，切面的大小不同，形状不规则，但是有一定的排列规律。

02 受到高光和反光的影响，每块切面的光影和颜色都有所不同，但是切面的转折处容易受光。通过笔触的形状预留出高光，用不同的颜色分别绘制每个切面。绘制出金属耳夹和弧面宝石的底色。

03 加深每个切面的明暗交界线，通过强烈的明暗对比来表现宝石的光泽感。用饱和度较高的橙色过渡金属的亮面和暗面，表现出金属的固有色。用高光笔提亮高光和反光的细节，表现出宝石璀璨的光泽感。

· 首饰表现范例

配饰综合表现范例

时装画中图案的表现

图案是一种平面的装饰性艺术，是将艺术性与实用性相结合的工艺美术形式。设计者通过运用线条、色彩、形体、构图和造型等艺术表现手法，把现实生活中的自然美与生活中的装饰需求表现出来，体现了设计者的审美需求和审美趣味。服装同样也是将美观性与实用性相结合的应用型艺术，将图案应用于服装，一方面体现出图案以物质产品作为装饰对象，图案必须要应用于物质产品的本质特点；另一方面，图案增强了服装的艺术魅力和精神内涵，满足了着装者对个性和审美的需求。

当然，在服装设计中，图案的表现形式更加多样化，并且也不局限于平面，采用烂花、镂空、编织、贴片、镶钉等方法，能够使服装图案呈现出更丰富的肌理和装饰效果。

▼ 图案的分类

图案的分类方式非常多，最为常见的是按照组织构架形式对图案进行分类，不同类型的图案应用在服装上，会产生不同的风格效果。

独立图案与适合图案

独立图案是指以单一形体进行设计的图案，是没有连续和适合的要求、没有外轮廓及骨骼的限制，可以单独处理、自由运用的一种独立性装饰图案，是图案组织的基本单位。

适合图案受一定外形的限制，其纹样必须安置在特定的外形中，达到构图和形象的完整性。即使去掉外形，纹样仍保持外形轮廓的特点。

独立图案灵活自由，适合图案匀称统一，在服装设计中这两种图案有着集中性强、醒目、活跃等特征，可以应用于服装的各个部位，常作为视觉焦点出现。

二方连续图案

二方连续图案是指一个单位图案沿左右或上下，用不同的方式连接起来，成为一条可以无限延长的带状图案。二方连续的排列形式不同，图案形成的韵律感也不同：可以单一排列，形成整齐的队列感；可以倾斜排列，形成强烈的动感；还可缠绕排列，形成蜿蜒流畅的节奏感。

因为呈现出带状，所以二方连续图案在服装中经常用于装饰边缘，如领口、袖口、门襟、下摆或结构线等处，起到强调、修饰边缘或分割块面的作用。蕾丝花边、刺绣花边、织锦带等，都属于二方连续图案在服装上的应用。

四方连续图案

四方连续是由一个图案或几个图案组成一个单位，向四周重复地连续和延伸扩展而成的图案形式。和二方连续一样，四方连续图案也有各种不同的排列方式，大致可以分成两大类：一类是散点图案，其特点是图案元素以一定的框架进行排列，但图案之间不交叠，常见的波点、格纹、碎花等，基本都属于这一类；另一类与之相反，图案元素在排列时，相互之间会出现穿插、交叠的情况，图案元素之间难以找到明确的边界，这种四方连续被称为满花图案，在服装

设计中，这种图案经常使用平铺印花的形式，因此也被称为"满印花"或"满地花"。

· 二方连续图案的应用

连衣裙上并行排列的多条二方连续装饰带和飘逸流苏使整体搭配颇具民族风情。尤其是裙摆边缘的黑底花卉图案，拉开了与其他装饰的层次，形成了非常华丽的效果。

· 独立图案与四方连续图案的应用

T恤的人物印花图案属于独立图案，T恤平整宽阔的前片能够让这类图案得到充分的展示。领巾的小碎花和裙子的格纹图案都属于四方连续图案，不同的是在表现时，碎花图案可以灵活随意一些，而排列规整的格纹图案则要根据褶皱和纱向进行变形。

▼ 服装设计中图案的作用

　　将图案运用在服装中，不只是简单的摆放，而是需要经过一系列的思考和推敲，平衡图案和款式、结构、工艺等其他设计元素之间的关系。设计师只有明白了图案在服装设计中能够起到的作用，才能使图案与服装完美地结合。

将图案作为设计重点来突出服装风格

　　在服装设计的各元素之中，图案包含了"图形"与"色彩"两种要素，容易形成视觉焦点，尤其是造型独特、对比鲜明的图案，常给观者留下深刻的印象。

　　将图案作为设计重点，可以分为两种情况。一是图案本身就具有极高的艺术性和美感，能起到极强的装饰作用。为了设计出有特色的图案，很多服装设计师也经常和平面设计师、插画师或职业艺术家合作。在这种情况下，无论是独立图案还是四方连续图案，都可以使用。二是借由图案来强调夸张服装的某个部件，或是突出修饰身体的某个部位，形成一种局部与整体的对比之美。在这种情况下，通常会使用独立图案或适合图案。

用图案来营造整体感

　　在现实的着装中，往往是多件服装单品相互搭配，形成统一的整体造型。同样的图案元素在一套服装中反复出现，或在不同部位出现相关联的图案，都能够增强搭配的整体感。除此以外，服装和服饰品上的图案搭配，也能形成造型上的呼应。这种方法也适用于系列服装设计。一个系列包含几套到几百套服装，图案元素在不同单品上反复出现，能增强整个系列的凝聚力。

用图案来调节视觉平衡

　　用图案来调节视觉平衡，是指图案所处的位置或图案面积的大小能够满足观者心理上的平衡感。这也包含了两个层面的含义。其一是重量上的平衡，从左右、大小、轻重、秩序上得到一种均衡感及舒适感。其二是比例上的平衡感，在服装设计中体现为上下半身的比例关系和内外层服装面积的比例关系。

　　通过对视觉平衡的调整，不仅能得到更佳的视觉感观，提升美感，还可以遮盖、弥补甚至矫正人体上的不足。

用图案来缓和或增加色彩的对比

　　图案对色彩进行调节的优势在于灵活多变的形状，换句话说，图案面积大小的变化对色彩的调和起到了至关重要的作用。

　　前面曾经讲过，"重点色配色"的关键就在于"小面积使用对比色"，既能得到鲜明、醒目的配色效果，又不至于刺眼或太过强势。在不同的款式单品间进行这种面积悬殊的色彩搭配是较为困难的，但如果将图案纳入到配色系统中，色彩的搭配就更加随心所欲。此外，两件颜色对比强烈的服装，可以在其中一件上添加无彩色或中性色的图案，此处图案起到了隔离色的作用，能缓和色彩间的冲突。

·将图案作为设计重点

衬衣的图案精美华丽，充满古典风情，和紧身的长裤形成鲜明的对比，成为视觉的焦点。

·用图案来营造整体感

帽子上的斑马纹图案和腰部的豹纹斑点相呼应，使整体感更强，给原本休闲的造型增添了艺术气息。

·用图案来调节视觉平衡

裙摆处的流苏设计显得非常灵动，但如果上半身没有衬衣图案进行平衡，整体搭配就会显得下重上轻。

·用图案来缓和色彩对比

整条连衣裙采用红绿配色，红色花瓣在整体搭配中占据的面积较小，形成了华丽但不强势的配色效果。

▼ 服装图案表现步骤详解

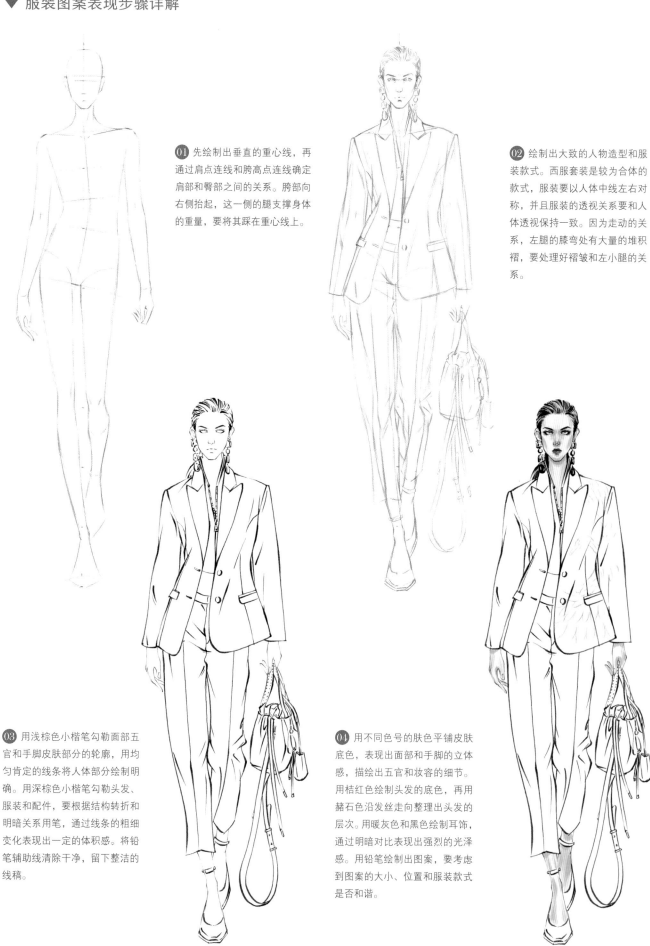

01 先绘制出垂直的重心线，再通过肩点连线和胯高点连线确定肩部和臀部之间的关系。胯部向右侧抬起，这一侧的腿支撑身体的重量，要将其踩在重心线上。

02 绘制出大致的人物造型和服装款式。西服套装是较为合体的款式，服装要以人体中线左右对称，并且服装的透视关系要和人体透视保持一致。因为走动的关系，左腿的膝弯处有大量的堆积褶，要处理好褶皱和左小腿的关系。

03 用浅棕色小楷笔勾勒面部五官和手脚皮肤部分的轮廓，用均匀肯定的线条将人体部分绘制明确。用深棕色小楷笔勾勒头发、服装和配件，要根据结构转折和明暗关系用笔，通过线条的粗细变化表现出一定的体积感。将铅笔辅助线清除干净，留下整洁的线稿。

04 用不同色号的肤色平铺皮肤底色，表现出面部和手脚的立体感，描绘出五官和妆容的细节。用桔红色绘制头发的底色，再用赭石色沿发丝走向整理出头发的层次。用暖灰色和黑色绘制耳饰，通过明暗对比表现出强烈的光泽感。用铅笔绘制出图案，要考虑到图案的大小、位置和服装款式是否和谐。

05 用黑色绘制出图案的主体，用笔时通过力度的变化来控制笔触的形状。尤其是翅膀的飞羽，下笔时力度较重，可以适当"揉笔"，使笔触呈圆形，然后快速提笔，使笔触收尖，用笔触的变化表现出羽毛的形状。

06 用鲜红色和桔黄色绘制图案的其他部分，同样要讲究笔触的形状，通过控制用笔力度一气呵成地表现出图案。

07 用浅钻蓝绘制西服的底色，通过笔触的深浅变化和适当的叠色，表现出衣身和袖子圆柱体的体积感。在领子凸起的地方和肩头高点要留白，图案的部分也通过留白表现出翅膀的形状。

08 在翅膀上添加桔黄色，形成更丰富的色彩层次。在快速表现时，图案的颜色不宜太多，三到四种颜色作为主体色已经足够，颜色太多会显得凌乱。另外，还要考虑到图案颜色和服装颜色的匹配程度。

09 用湖蓝色绘制出服装的褶皱，并叠加暗部，进一步表现出服装的立体感。笔触的方向要和褶皱的走向相一致。

10 用普蓝色强调领子在衣身上的投影、身体在手臂上的投影、腋下阴影死角的部分以及褶皱的阴影部分，使体积感更强。

⑪ 用浅紫色在服装的反光部位叠加环境色，形成更加细腻的色彩变化。环境色和服装固有色直接的过渡一定要自然，因此在绘制这一步时用笔的轻重变化就尤为重要。用棕褐色和浅褐色绘制内搭服装，西服会在内搭服装上产生比较重的投影，形成两侧暗中间亮的状态。

⑫ 用高光笔提亮高光和反光，并勾勒图案的细节，形成线面结合的丰富效果。

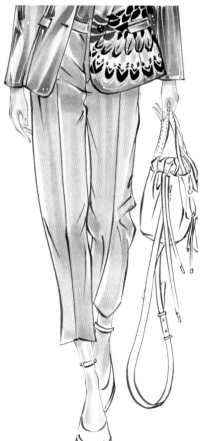
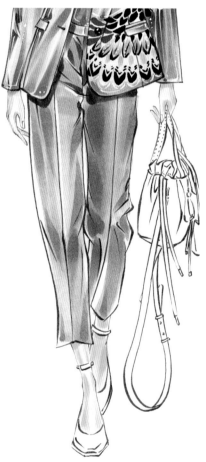
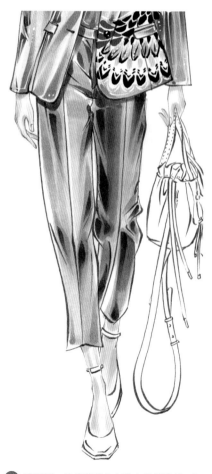

⑬ 用浅紫色绘制裤子的底色，根据腿部和裤子的结构来用笔。裤子较为合体，呈现出圆柱体的体积，大腿和前迈的右小腿可以纵向排列笔触，表现出腿部的挺拔修长。裆部可以横向用笔，表现出拉伸褶的走向。左小腿因为透视较大，笔触可以有一定弧度。

⑭ 用较深的紫色叠加裤子的暗部，使裤子更为立体。前面的右腿动态较为伸展，膝盖处褶皱不明显，适当强调一下膝盖的转折即可；左腿小腿抬起，膝盖顶出，褶皱起伏鲜明，要通过笔触表现出肯定的块面感。小腿处的褶皱形成较大的阴影面，也将其加重表现出前后的空间感。

⑮ 用更深一些的蓝紫色加重左腿的暗部，和右腿拉开前后的距离。进一步叠加褶皱的暗部，明确褶皱的形态和走向。西服在裤子上的投影也要加强，表现出西服与裤子的空间感。

⑯ 用浅钴蓝色叠加裤子的环境色。用中等深浅的冷灰色绘制手包，皮革有较强的光泽感，因此用同等深浅的蓝灰色绘制环境色。用红色和桔黄色绘制手包的配件，颜色和西服图案的颜色相呼应。鞋子在用深灰色铺出底色后，用形状明显的笔触叠加出暗部，表现出鞋头结构的转折。

⑰ 用黑色绘制手包的暗部，在表现手包圆筒状体积感的基础上，整理出起伏变化明显的褶皱。手包配件的暗部要选择相匹配的颜色来绘制，塑造出体积感。用高光笔提亮高光，进一步加强明暗对比。用浅紫色简单绘制地上的阴影，适当烘托画面。调整画面细节，完成绘制。

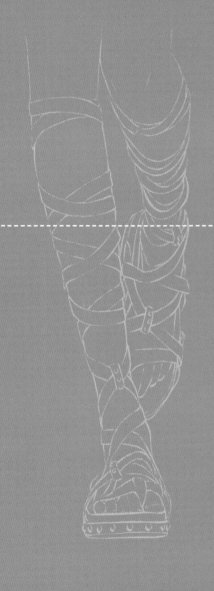

03

用马克笔
快速表现
服装款式

用马克笔快速表现西服套装

西服套装的款式特征

经典西服的款式特点为翻驳领、两片袖、三开身或四开身结构，衣长一般在臀围线以上，传统的西服套装是西服上衣搭配同色同料的裤装或半裙。西服套装能够体现出相当的正式感和礼仪性，单就款式而言，西服可以在翻领与驳领的比例、形状、结构线变化、局部造型、廓形变化或是面料材质上紧跟流行；也可以在搭配方式上更多变，搭配更为休闲或装饰性更强的内搭或下装。

▼ 西服的各部分结构

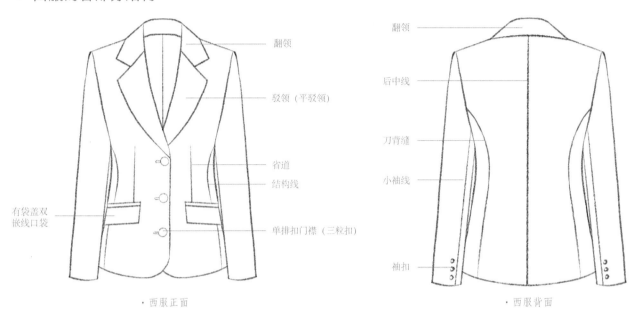

正面标注：翻领、驳领（平驳领）、省道、结构线、有袋盖双嵌线口袋、单排扣门襟（三粒扣）

背面标注：翻领、后中线、刀背缝、小袖线、袖扣

· 西服正面　　　　· 西服背面

▼ 裤装的各部分结构

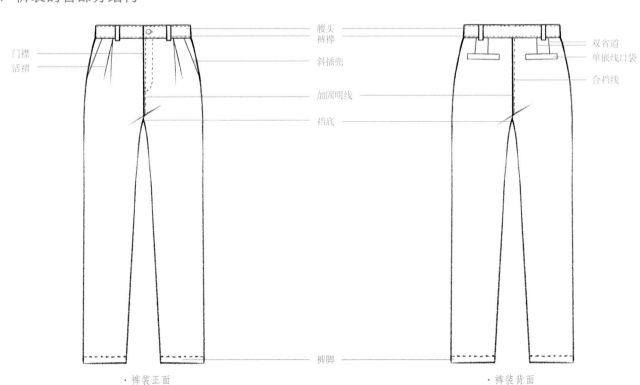

正面标注：门襟、活褶、腰头、裤襻、斜插兜、加固明线、裆底

背面标注：双省道、单嵌线口袋、合档线、裤脚

· 裤装正面　　　　· 裤装背面

▼ 西服的款式变化

▼ 裤装的款式变化

马克笔表现西服套装步骤详解

01 用铅笔绘制出人体动态。模特右侧压肩，胯部向右抬起，重心落在右脚上。右手自然下垂，左手略微向外摆，要注意两条手臂的长度保持一致。

02 用铅笔绘制出发型、五官、服装款式和配饰的大致轮廓，服装的透视要和人体的透视保持一致。可以通过服装和人体紧贴的部分来找准服装和人体的空间关系，如肩部、腰带、胯高点和大腿部的服装与人体相贴合，其他部分适当留有松量。

03 用勾线笔和小楷笔对线稿进行整理和细化。用棕色勾线笔勾勒出面部五官、发型和人体的线条。小楷笔在整理服装线条时，要注意用笔的轻重变化。

04 先用最浅的肤色色号平铺皮肤底色，再用稍深的色号加重五官和皮肤的阴影。用橙黄色绘制头发的底色，头顶高光留白，叠加棕色表现出头发的层次。刻画出五官细节，绘制眼镜的时候，要表现出镜片的透明感。

05 用浅黄棕色绘制西服的底色，通过用笔的方向和笔触的轻重，表现出服装的体积感和褶皱关系。

06 用深黄棕色加强上衣的明暗关系，尤其是身体侧面和袖子下方的暗部、领子和腰带在衣身上的投影、双层下摆的投影等，仍然要根据人体的结构和褶皱的走向来用笔。

07 用浅群青色绘制包裙的底色。右腿上方留出高光，左腿侧面暗部加重。因为右腿前迈在裆部形成的褶皱，需要通过对笔尖的按压形成有变化的笔触来表现。

08 用稍深的群青色强调包裙大腿转折处的明暗交界线和褶皱的暗部，通过笔触的粗细深浅变化表现出褶皱的方向性。用笔尖点出大小不均匀的点来表现面料的质感。用中灰色绘制腰带的底色，在一侧留出高光，用深棕色绘制纽扣。

09 用黑色加重腰带的暗部，一定要留出反光部分，以表现皮革的光泽感。用红棕色绘制包的底色，包带和褶皱的受光面注意留白。用橙色笔尖点出包上的花纹并绘制链条的颜色。

10 选择和底色差异较大的深褐色加重包的暗部和阴影，通过强烈的明暗对比来表现皮革的光泽感。

11 用中灰色和橙色绘制靴子的底色，在靴筒和鞋头的凸起处留出高光。用浅灰色绘制袜子，在同样的位置留出高光。

12 用黑色和深棕色加重靴子的暗部，进一步塑造出靴子的立体感。靴子的结构比较复杂，要根据结构的转折改变笔触的方向，使笔触的形状能够契合形体。

13 用浅橄榄绿的方头笔绘制格纹，格纹的宽度和间距要基本相等。纵向的格纹方向要和经纱保持一致，横向的格纹方向可以通过下摆弧度和袖口的弧度找到纬纱的方向。纵横向格纹的相交处用深绿色加深，位于服装暗部和阴影处的格纹也叠加深绿色。用高光笔提亮高光，进一步强调形体。

14 在裙子上叠加中黄色，绘制出裙子的反光；用高光笔以"点"的形式绘制出裙子的高光，既加强了裙子的材质感，又进一步烘托了明暗变化。完善鞋、包、腰带等配饰的细节，适当添加背景，使画面层次更加丰富。

西服套装表现作品范例

3.2 用马克笔快速表现连衣裙

连衣裙的款式特征

连衣裙有两种基本形式——被称为"一件式"的传统款式（英文也称为 one-piece）和基于男装上衣下裤演变而来的"二部式"，其区别主要在于是否破开腰线。经典的"一件式"连衣裙常使用公主线结构，形成削肩、丰胸、收腰、撒摆的 X 造型，能够充分体现女性的曲线美；或是通过省道、结构线与开衩的组合，形成传统的鞘形廓形，如旗袍。"二部式"的变化则更为自由，可以形成上紧下松或上松下紧的造型，即上下半身分别设计松量，然后在腰线部位对合。腰线还可以调节上下半身的比例关系，对连衣裙的风格产生较大的影响。

此外，连衣裙也可以搭配其他单品，如夹克、外套等，形成层叠的造型风格，一些简洁的连衣裙款式还可以考虑搭配较为夸张的配饰，如披肩、装饰腰带等，使得画面层次更丰富，细节更完善。

▼ 连衣裙的各部分结构

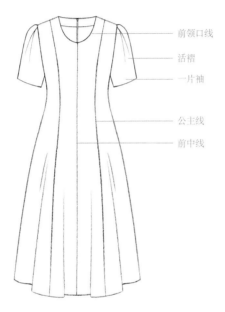

前领口线
活褶
一片袖
公主线
前中线

· 一件式连衣裙正面

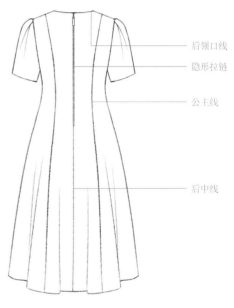

后领口线
隐形拉链
公主线
后中线

· 一件式连衣裙背面

翻领
过肩（育克）
一片袖
省道
结构线
前门襟（单排扣）
腰线

· 二部式连衣裙正面

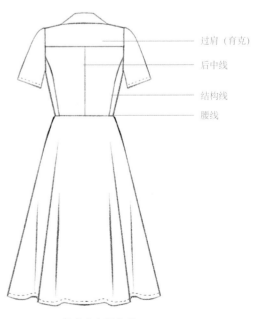

过肩（育克）
后中线
结构线
腰线

· 二部式连衣裙背面

▼ 连衣裙的款式变化

马克笔表现连衣裙步骤详解

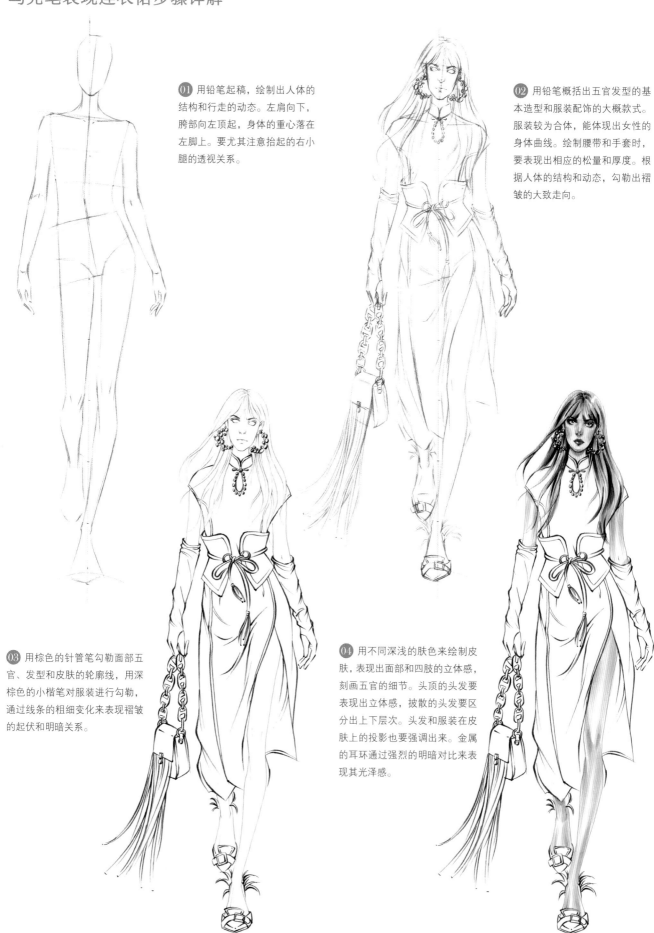

01 用铅笔起稿，绘制出人体的结构和行走的动态。左肩向下，胯部向左顶起，身体的重心落在左脚上。要尤其注意抬起的右小腿的透视关系。

02 用铅笔概括出五官发型的基本造型和服装配饰的大概款式。服装较为合体，能体现出女性的身体曲线。绘制腰带和手套时，要表现出相应的松量和厚度。根据人体的结构和动态，勾勒出褶皱的大致走向。

03 用棕色的针管笔勾勒面部五官、发型和皮肤的轮廓线，用深棕色的小楷笔对服装进行勾勒，通过线条的粗细变化来表现褶皱的起伏和明暗关系。

04 用不同深浅的肤色来绘制皮肤，表现出面部和四肢的立体感，刻画五官的细节。头顶的头发要表现出立体感，披散的头发要区分出上下层次。头发和服装在皮肤上的投影也要强调出来。金属的耳环通过强烈的明暗对比来表现其光泽感。

05 用浅紫灰色平铺连衣裙的底色，根据人体的结构和褶皱的走向来用笔，通过笔触的排列来塑造体积感，胸高点、膝盖高点等凸起部分要留白。

06 给配饰着色。用棕色绘制长手套，长手套要表现出手臂圆柱体，皮革材质具有光泽感，因此留白的高光形状要肯定。利用笔触的形状和笔触之间的留白绘制出包的构造和转折面，表现出立方体的体积感。

07 用较深的紫灰色加重裙子的暗部并整理出褶皱的形态，通过控制行笔的速度和力度来调整笔触的形状，笔触既要表现出褶皱的阴影区域，又要和底色形成较为自然的过渡。

08 用笔尖以"点"的形式绘制出腰带的深色花纹，用笔可以轻松一些，笔触的大小、排列和分布要讲究变化，不要太过平均。

09 在上一步绘制花纹时留出的空白处填涂上浅色花纹，在绘制时尽量避开深色，避免两种颜色之间相互晕染。

⑩ 加重手套、提包的暗部和阴影死角的部位，通过强烈的明暗对比表现出材质的光泽感。鞋由皮革和羽毛两种材质组成，鞋头部分的用笔肯定，笔触形状和方向明确，羽毛部分用笔轻快，表现其轻盈的质感。

⑪ 绘制裙子上的印花图案，通过用笔的提、压、按、顿来形成多变的笔触，花瓣、花蕊、叶片、茎杆的笔触不尽相同，再通过笔触的排列来组织花卉的形态。同时要注意，印花图案要根据褶皱的起伏产生相应的变化，这样才能使图案显得更加自然。用高光笔添加高光，进一步增强皮革、金属等材质的光泽感。完善画面细节，完成绘制。

连衣裙表现作品范例

3.3 用马克笔快速表现外衣

外衣的款式特征

外衣是指穿在最外层的服装，通常情况下，长度超过臀围线的外衣称为外套，长度不超过臀围线的短外衣称为夹克。

在着装的场合和搭配上，外套是多功能的，经典款可以用于正式的场合，很多市场化的前卫款式则非常休闲；外套既可以用作户外服，也可以在室内穿着。夹克多应用于较为休闲的场合，传统意义上的夹克最早是劳动工人穿着的服装，因此较为宽松，便于活动，但随着生活方式和时尚流行的发展，现在"夹克"的范围已经大大地扩宽了，休闲西服或搭配休闲裤的正装西服、运动衫、短上衣等，都可以称为夹克。

不论是宽松还是紧身，不论是春夏的薄款外衣还是秋冬的厚重外衣，在绘制时都要给内搭服装留出足够的松量。如果是较为宽松的外套，在绘制时要特别注意外衣和人体之间的关系，尤其是服装贴合人体的部分，要体现出人体对服装的支撑。

▼ 外套的各部分结构

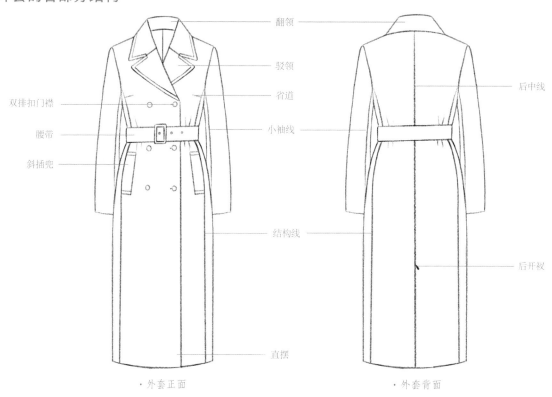

·外套正面　　　　　　　　　　　　　　　·外套背面

▼ 夹克的各部分结构

·夹克正面　　　　　　　　　　　　　　　·夹克背面

▼ 外衣的款式变化

马克笔表现外衣步骤详解

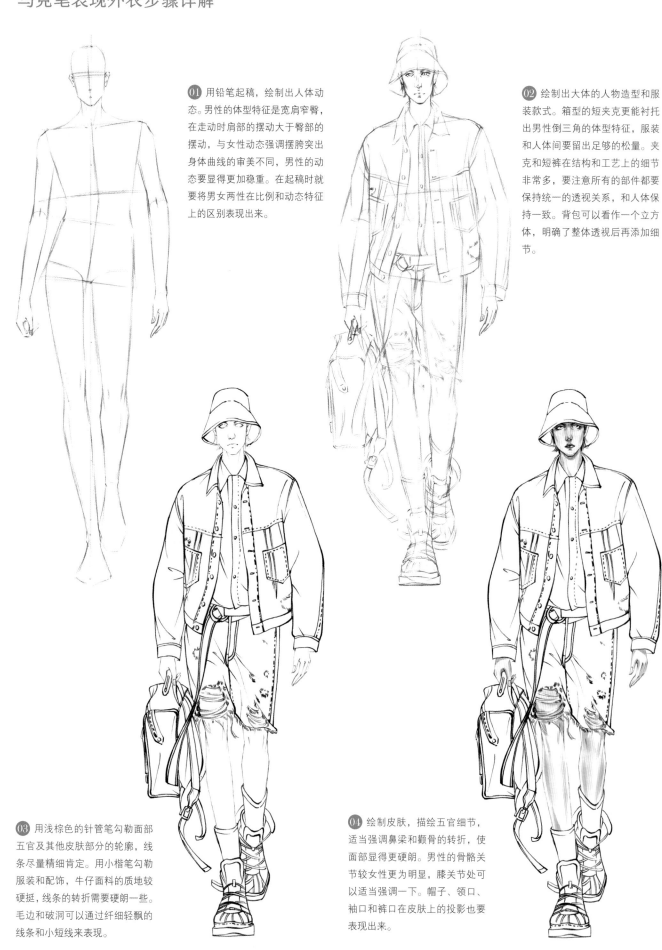

01 用铅笔起稿，绘制出人体动态。男性的体型特征是宽肩窄臀，在走动时肩部的摆动大于臀部的摆动，与女性动态强调摆胯突出身体曲线的审美不同，男性的动态要显得更加稳重。在起稿时就要将男女两性在比例和动态特征上的区别表现出来。

02 绘制出大体的人物造型和服装款式。箱型的短夹克更能衬托出男性倒三角的体型特征，服装和人体间要留出足够的松量。夹克和短裤在结构和工艺上的细节非常多，要注意所有的部件都要保持统一的透视关系，和人体保持一致。背包可以看作一个立方体，明确了整体透视后再添加细节。

03 用浅棕色的针管笔勾勒面部五官及其他皮肤部分的轮廓，线条尽量精细肯定。用小楷笔勾勒服装和配饰，牛仔面料的质地较硬挺，线条的转折需要硬朗一些。毛边和破洞可以通过纤细轻飘的线条和小短线来表现。

04 绘制皮肤，描绘五官细节，适当强调鼻梁和颧骨的转折，使面部显得更硬朗。男性的骨骼关节较女性更为明显，膝关节处可以适当强调一下。帽子、领口、袖口和裤口在皮肤上的投影也要表现出来。

06 用中明度的蓝色绘制牛仔，牛仔面料质地挺括耐磨，褶皱的转折也较为硬朗，因此笔触可以干脆肯定。铺出底色后，可以用方头马克笔来绘制褶皱，褶皱的粗细变化可以通过在行笔时转动笔尖，来调整笔触的形状。

07 用软头马克笔，选择较深的群青色，进一步叠加褶皱的暗面，同时加深领子、口袋和结构线的阴影。牛仔面料在缝纫线周围上会有很多细小的碎褶，用笔尖轻点绘制出来。破洞和毛边用低饱和度的浅黄色和褐色来绘制。

05 绘制衬衫的图案。先用浅钴蓝色绘制底色，然后再用同色的笔触进行叠加，表现出柔和的深浅变化。用较深的钴蓝色绘制暗部和投影，如帽子内侧暗面和夹克在衬衫上的投影，并用同样的颜色点绘出稍深一些的图案，再用深冷灰色和棕色小楷笔点缀更深的图案细节，图案较为随意，因此要控制好笔触大小、疏密的分布。帽子内侧，领子下面、门襟等处的阴影死角也要用深冷灰色进行强调。用高光笔勾勒细节，提亮高光。

08 灰色牛仔短裤的明暗变化也非常肯定，受光面位于大腿上，裆部的拉伸褶和夹克在短裤上的投影都形成了大面积的阴影。用干脆利落的笔触将短裤的明暗面区分出来。

09 用深冷灰色整理出褶皱的细节，加重裆底和上衣的投影部分，使左右两腿拉开前后距离。用和绘制上衣破洞同样的颜色来绘制牛仔裤的破洞，表现出做旧棉线的质感。

⑩ 绘制配饰。用不同深浅的棕色和褐色绘制背包。背包基本呈现出立方体,亮面和暗面的区分较为明显,在把握住整体关系的情况下绘制褶皱。绘制袜子时,要表现出袜筒圆柱体的体积感。鞋头的体积感明显,用笔触的变化表现鞋面和鞋头的转折,并留白高光。

⑪ 用高光笔提亮高光,强调结构转折,整理出牛仔面料上细碎的小褶,添加毛边的细节,使牛仔面料的质感更加写实细腻。简单添加背景的笔触,使画面更加生动,完成绘制。

外衣表现作品范例

3.4 用马克笔快速表现衬衫和半裙

衬衫和半裙的款式特征

不论是衬衫还是半裙，都有非常多变的款式，但这两种单品在设计上有一个共通之处，即它们本身是作为设计重点，还是作为辅助搭配的单品。衬衫如果是作为西服或外套的内搭单品，那设计就应该简洁大方；如果是单独外穿，就可以设计得较为复杂或具有较强的装饰性。半裙也是如此，如果是作为西服套装的一部分或是上装的设计较为复杂，那半裙通常会采用经典的一步裙、直筒裙或小 A 裙；如果整体造型没有外穿的服装，并且搭配的上装较为简洁，那半裙多采用塔裙、褶裙、鱼尾裙或是复合造型等。

▼ 衬衫的各部分结构

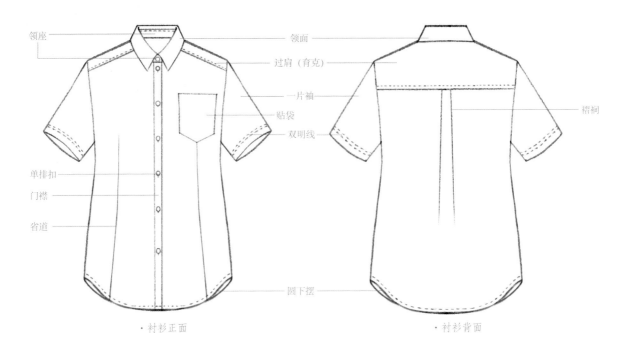

·衬衫正面　　　　　　　　　　　　　　·衬衫背面

▼ 半裙的各部分结构

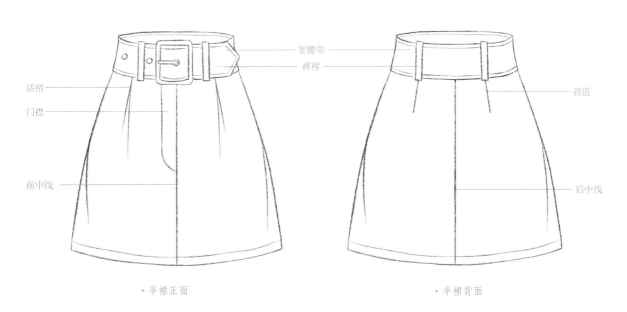

·半裙正面　　　　　　　　　　　　　　·半裙背面

▼ 衬衫的款式变化

▼ 半裙的款式变化

马克笔表现衬衫和半裙步骤详解

01 用铅笔起稿,先确定人体结构比例及动态轮廓。人物处于行走状态,右手插兜,左手自然下垂,向右压肩,胯部向右侧顶出,重心落于右脚。注意右臂及左腿的透视关系。

02 继续用铅笔概括出人物的发型和五官的大致轮廓。根据人体的动态和比例关系勾画出服饰的大概廓形,注意服装各部件的透视要和人体的透视保持一致。接着用肯定的线条描绘出随人物结构和动态而产生的褶皱及其走向,尤其要注意右腿前迈对裙摆褶皱产生的影响。

03 勾线并整理线稿。用棕色针管笔勾勒人体的轮廓线,用深棕色的小楷笔对五官、头发及服装进行勾线,注意表现出发丝的层次,并用线条的粗细变化表现出服饰的质感以及褶皱的起伏。将铅笔线擦除干净,便于下一步的着色。

04 先平铺出皮肤底色,再用稍深的色号加深暗部阴影来强调结构转折,最后精细刻画出五官,表现出面部的立体感。用不同深浅的棕色为头发上色,头顶高光处留白,披散的部分注意区分出叠压关系,表现出层次感。

05 用水红色绘制上衣的底色，转折处及高光区域留白。用深一些的红色叠加暗部阴影，表现出褶皱的形态，颜色过渡尽量自然，通过笔触的方向和形状表现出服装褶皱的走向和大小。

06 进一步加深衬衫的暗部以及衣领和腋下等处因叠压产生的阴影。用高光笔根据褶皱的走向，在褶皱边缘用线条的形式点缀出高光区域，进一步加强上衣的明暗关系。

07 绘制上衣及腰部装饰带的色彩，根据褶皱起伏来调整颜色色块的形状及笔触色块的走向，适当留白高光区域。

08 用浅蓝色绘制裙子的底色，行笔速度尽量快，让笔触产生一定的深浅变化，表现出轻薄的面料质感。因腿部动作产生的褶皱转折明显，通过再次叠色来强调褶皱走向，表现出大体的明暗关系。

09 用稍深的钴蓝色进一步绘制褶皱的暗部，用不同大小和形状的笔触来概括褶皱阴影的区域变化，加强体积感。

⑩ 用更深的普蓝色继续叠压加深褶皱的暗部区域和
阴影死角部分。笔触要收尖，表现出褶皱自然消失的
状态，通过较为强烈的明暗对比来强调面料质感。

⑪ 用和上衣同样的色调绘制鞋袜部分，先铺陈出鞋
袜的底色，再用深一级的颜色加深暗部及褶皱区域，
通过留白高光及颜色色块形状，表现出鞋子的皮革质
感。绘制腰带的流苏，笔触要流畅。用高光笔提亮高
光，明确关键轮廓和结构的转折。最后添加适当的环
境色作背景，完成绘制。

衬衫和半裙表现作品范例

3.5 用马克笔快速表现礼服

礼服的款式特征

礼服可以说是所有服装款式中装饰最为华丽、版型最为讲究、廓形最为多变、面料最为奢华、工艺最为精致的品类，礼服的设计也最能体现设计师的个人创意、审美修养，被誉为流行的风向标。

根据场合，礼服也有多种分类，如端庄大方的日礼服（茶会礼服）、时髦迷人的小礼服（鸡尾酒会服）、华贵典雅的晚礼服、美轮美奂的婚礼服等。旗袍作为我国传统民族服饰之一，除了日常穿着外，在正式场合也越来越多地被作为礼服使用，以旗袍或汉服为基础设计的新中式礼服也大受欢迎，成为新的时尚潮流。

▼ 礼服的各部分结构

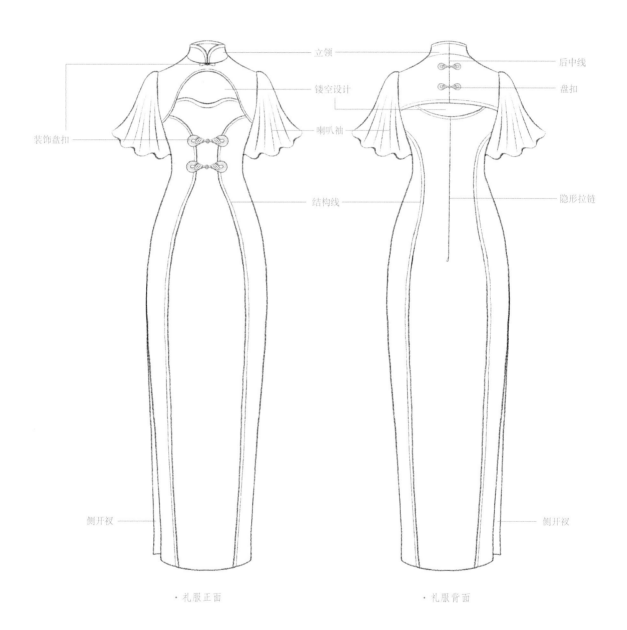

立领
镂空设计
喇叭袖
结构线
装饰盘扣
侧开衩

后中线
盘扣
隐形拉链
侧开衩

· 礼服正面　　　　· 礼服背面

▼ 礼服的款式变化

马克笔表现礼服步骤详解

①① 先绘制出模特行走的动态，通过肩、腰、臀的关系表现走动时髋部摆动的感觉，突出女性的身体曲线。手臂的透视和肩部透视保持一致，腿部透视和臀部透视保持一致，注意保证人体重心的稳定。

②② 根据人体比例和形态轮廓，精细勾画出服装、项链及长筒靴的造型。用轻松的线条表现出胸前至裙摆的荷叶边的大致轮廓。荷叶边面积较大，层叠关系复杂，绘制时注意线条的叠压关系，用长而肯定的线条表现出柔软轻盈的面料质感。精细刻画靴子的细节，注意鞋带交叉的上下关系。

③③ 在铅笔草图基础上，用浅棕色勾线笔勾勒皮肤轮廓，通过线条的起伏表现颈部、手肘及膝盖处的肌肉和结构。用深棕色的小楷笔对五官、发型进行勾线，画出几缕飘逸的发丝。对服饰部分进行勾线时注意褶皱造型的上下层叠关系和细节的形态变化。擦除铅笔草图，保留勾线线稿。

④④ 为皮肤上色。先用浅肤色平涂出皮肤底色，再通过叠色绘制皮肤暗部及阴影，留白结构转折处及高光处；用稍深一号的肤色进一步加深皮肤暗部，并绘制皮肤上的投影区域，表现出人体的肌肉及立体感。精细刻画五官及妆容，使人物的五官更立体。为皮肤添加部分蓝色环境色，并用不同深浅的棕色绘制头发的颜色，注意表现出头发包裹着头骨的体积感。绘制饰品部分，留白高光来表现金属的质感。

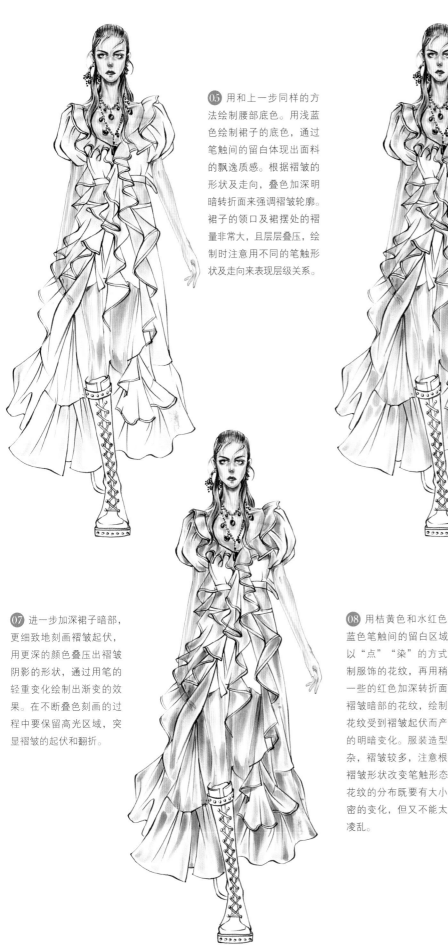

05 用和上一步同样的方法绘制腰部底色。用浅蓝色绘制裙子的底色，通过笔触间的留白体现出面料的飘逸质感。根据褶皱的形状及走向，叠色加深明暗转折面来强调褶皱轮廓。裙子的领口及裙摆处的褶量非常大，且层层叠压，绘制时注意用不同的笔触形状及走向来表现层级关系。

06 继续刻画裙子的转折面及褶皱的具体形态，用有变化的笔触叠压暗部，强调褶皱的形状。用稍深的天蓝色加重因褶皱叠压产生的阴影部分，强调裙子的立体感和面料的质感。

07 进一步加深裙子暗部，更细致地刻画褶皱起伏，用更深的颜色叠压出褶皱阴影的形状，通过用笔的轻重变化绘制出渐变的效果。在不断叠色刻画的过程中要保留高光区域，突显褶皱的起伏和翻折。

08 用桔黄色和水红色在蓝色笔触间的留白区域，以"点""染"的方式绘制服饰的花纹，再用稍深一些的红色加深转折面及褶皱暗部的花纹，绘制出花纹受到褶皱起伏而产生的明暗变化。服装造型复杂，褶皱较多，注意根据褶皱形状改变笔触形态，花纹的分布既要有大小疏密的变化，但又不能太过凌乱。

09 用暖灰色绘制衬裙的底色，再以点涂的方式添加衬裙的花纹，同样注意图案大小疏密的分布。因为衬裙紧贴身体且面积较小，在绘制图案时可以忽略褶皱的起伏，进行平面化的省略处理。

10 为长筒靴上色。先用灰色铺出靴子的底色，留白装饰及高光区域。用黑色块面加深暗部及转折面，初步绘制出立体感及质感。用浅红色绘制出环境色，突出皮革质感。最后用高光笔整理出交叉的鞋带。

11 整理画面色调，并用高光笔为靴子及裙子添加高光线条，点缀画面效果。最后用红色添加背景色，完成画面绘制。

礼服表现作品范例

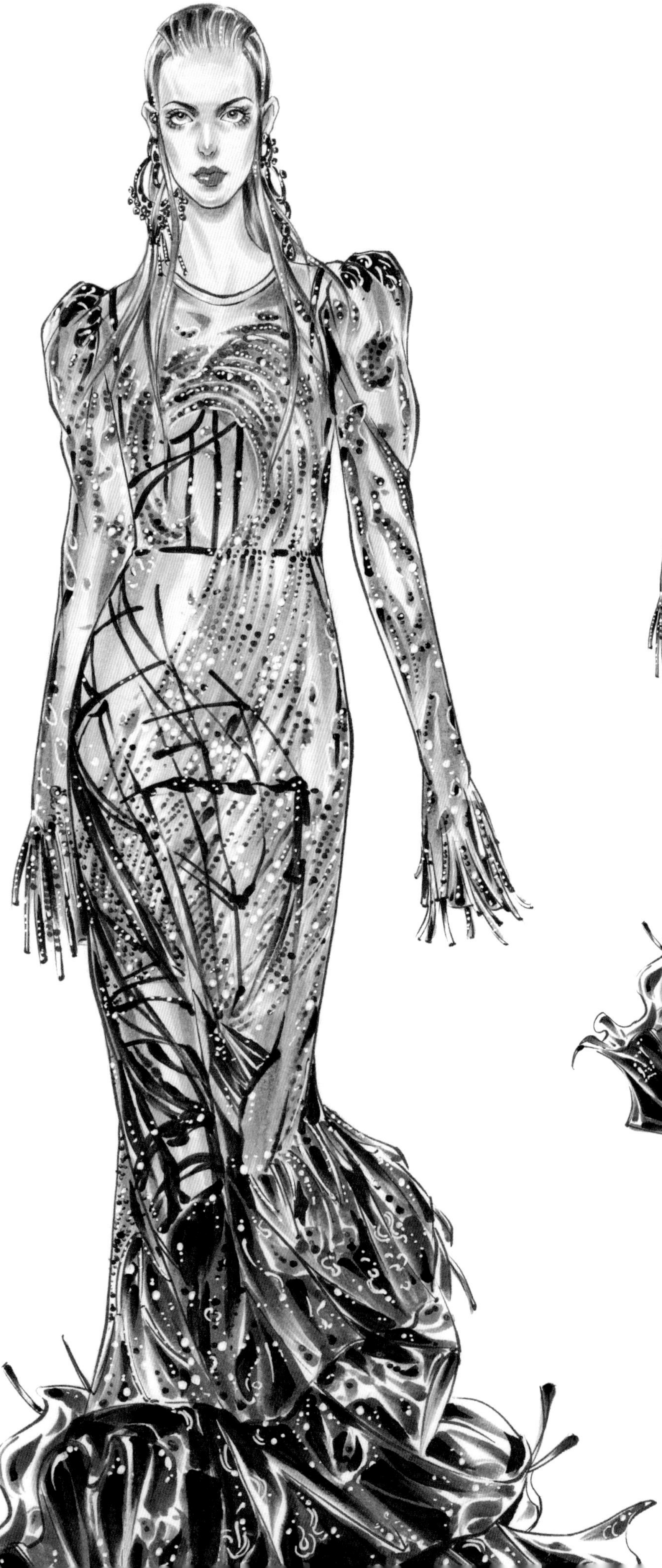

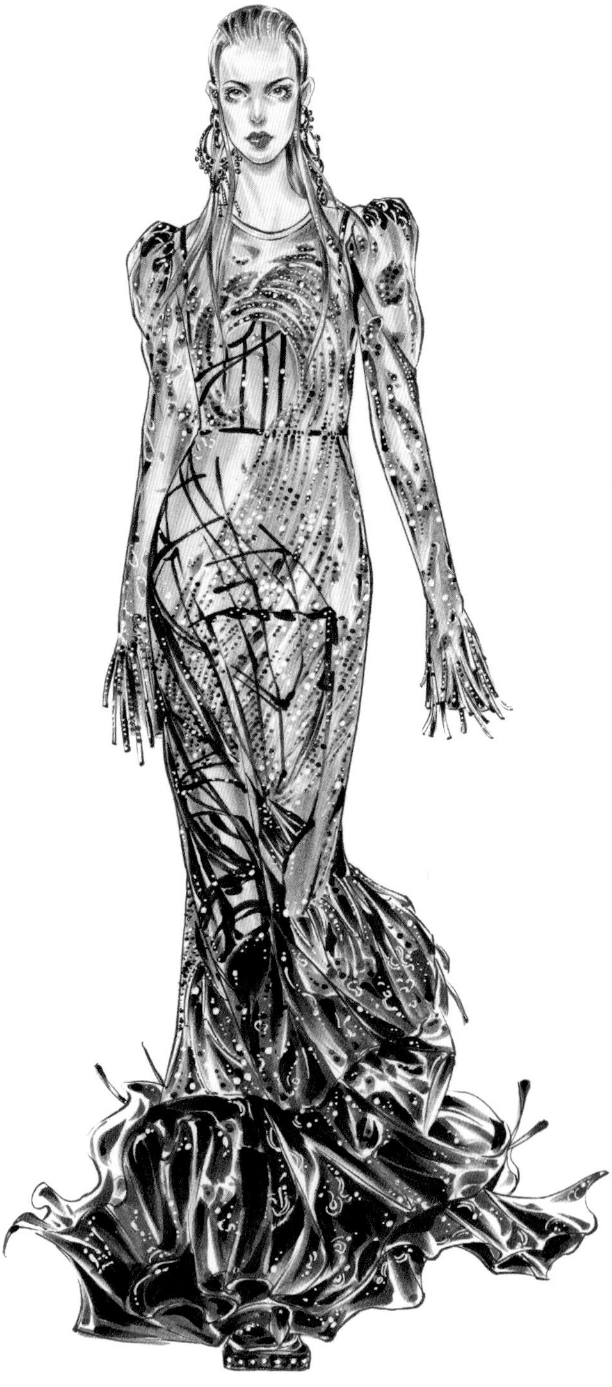

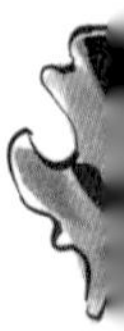

3.6 用马克笔快速表现男装

男装的款式特征

尽管人们普遍认为当代流行是女装的天下，但是从工业革命到 20 世纪 60 年代，在服装现代化演变的过程中，潮流趋势可以说是以男装为脉络的，甚至可以说男装的时尚变化引起了女装的变革，西服、裤子、衬衫、夹克、T 恤等基本款，所有这些日常的女装款式都是从男装那里借鉴而来。尤其是到了近现代，男装的设计风格也越加自由和多元化。

不论是绘制男装款式图还是效果图，都要考虑到男女两性在人体比例和动作特点上的差异，在此基础上表现出男装的审美特征。

▼ 男装的基础款

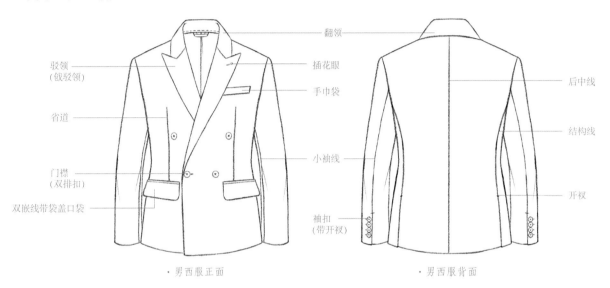

·男西服正面   ·男西服背面

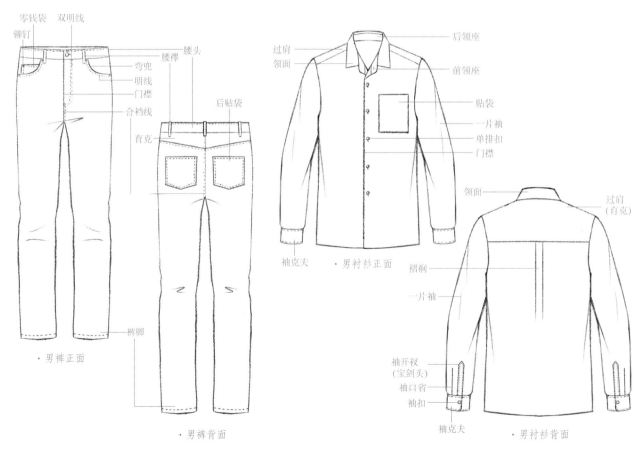

▼ 男装的款式变化

马克笔表现男装步骤详解

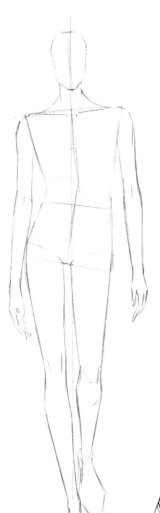

01 用铅笔绘制出人物的大致动态。与女性模特相比，男性模特肩部较宽，走路时髋部摆动幅度较小。先绘制出垂直的重心线，再用肩线及大转子连线确定肩部和臀部的倾斜度，人物重心落于右脚上。抬起的左小腿受透视影响较大，最后用连贯的线条勾画出四肢的肌肉及骨骼轮廓。

02 继续用铅笔绘制出确定的五官细节，并勾画出发型，注意用松散的流畅线条概括出发量及发丝的层次。在人体轮廓基础上大致绘制出服饰，案例表现的是宽松的羽绒服，服装因为填充物的缘故呈现出膨胀的外观，要留足服装与人体间的松量，因此会在腋下、手肘及接口缝合等处形成较多的褶皱。牛仔裤的面料相对较硬，用长且直的线条绘制轮廓线，表现出挺括的质感。最后描画出胸前的皮包及脚上的鞋子，注意透视和遮挡关系。

03 分别用勾线笔及小楷笔为皮肤、发型及服饰部分勾线，通过用笔力度的变化，绘制出不同粗细的线条，表现出体积感。整理线稿，细化服饰缝合线及拉链等装饰部分。添加确定的褶皱线条，表现褶皱受到人体运动而产生的走向变化。最后擦除铅笔线稿，保留整洁的勾线稿，便于下一步着色。

04 用浅肤色的软头马克笔铺陈出皮肤底色，加深额角、眼眶、鼻侧面、鼻底面、颧骨、下巴及脖子上的投影等较深的部位。刻画五官细节，用浅蓝色叠加额角、脸颊和手背上的环境色。手部根据结构转折来绘制，注意袖口在皮肤上的投影。用桔黄色根据头发的走向画出发丝，头顶的亮部留白，以体现头部的体积感。用赭石色叠加发丝暗部，整理出头发的层次。

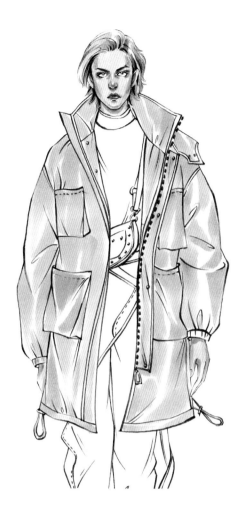
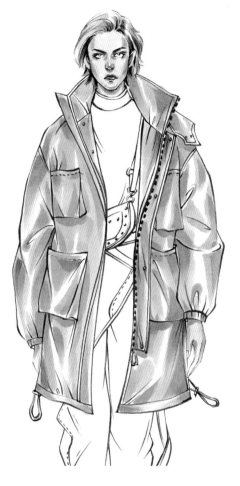

05 用桔红色为外套大面积铺色，表现出明确的明暗关系。外套内有填充物，体积膨胀更为明显，注意高光区域大面积的留白，褶皱起伏形状要明确。

06 用深一些的桔红色刻画外套的褶皱关系及阴影暗部区域，用明显的块面状笔触表现褶皱的形状，注意褶皱的前后关系和细节的形态变化。叠加亮一些的中黄色，使亮部和暗部形成更为柔和的过渡。

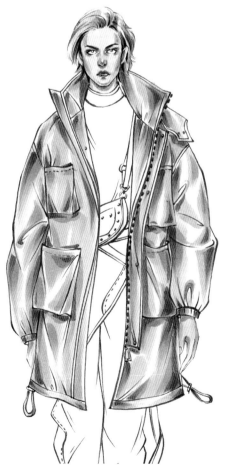
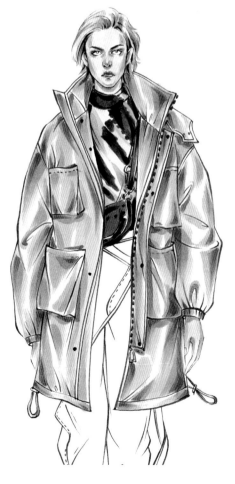

07 进一步加深褶皱及阴影区域，强调明暗层次及立体感。面料有一定的光泽度，所产生的褶皱及投影的立体感很强，褶皱及叠压所形成的明暗对比也非常强烈，在绘制时注意刻画出阴影的形状变化。

08 绘制T恤及胸前挂包的色彩。T恤较贴身，褶皱相对较少，采用具有装饰性的平面画法即可。在绘制顺序上，先绘制明度最高的中黄色，然后再间隔绘制天蓝色和冷灰色，笔触线条可以随意一些，通过笔触的叠加自然晕染出花色条纹。皮包用深蓝色铺出底色，用深冷灰色加重转折结构线，留白高光，表现出立体感。

09 为牛仔裤上色。先用浅蓝色平铺牛仔裤的底色，留白高光区域。用浅钴蓝色绘制暗部，表现出褶皱，利用笔触的形状变化表现出面料挺括的质感。裤子的裆部、膝弯等处褶皱较多，要着重刻画褶皱的形状。左小腿整体处在背光面，可以用大笔触将其压暗。

10 精细刻画褶皱的形状。裆部、膝弯及裤脚位置因动态产生了较多的褶皱，投影较深，用明确的笔触来强调转折起伏。同时注意加深外套在大腿上的投影，右腿在左腿上的投影也要加重。最后以点涂方式绘制牛仔裤的碎褶。

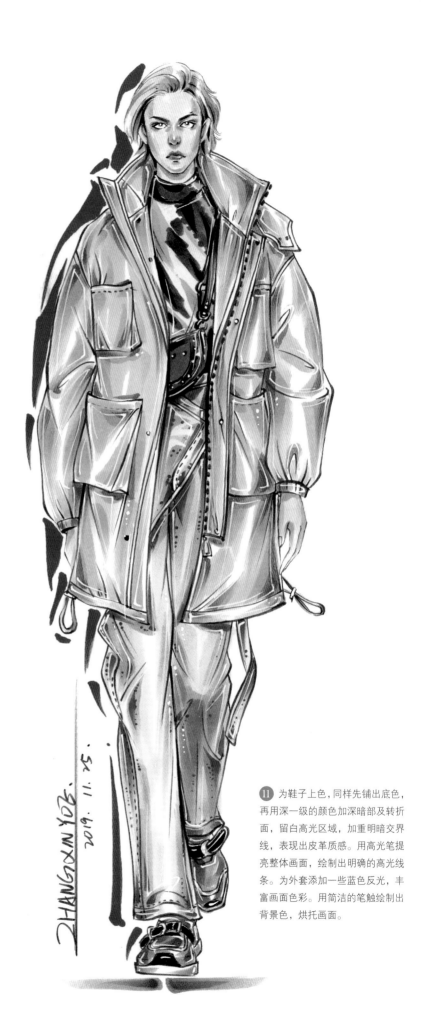

11 为鞋子上色，同样先铺出底色，再用深一级的颜色加深暗部及转折面，留白高光区域，加重明暗交界线，表现出皮革质感。用高光笔提亮整体画面，绘制出明确的高光线条。为外套添加一些蓝色反光，丰富画面色彩。用简洁的笔触绘制出背景色，烘托画面。

男装表现作品范例

04

用水彩
快速表现
服装面料

4.1 用水彩快速表现纱质面料

纱质面料轻盈飘逸，虽然不同品种的纱质面料在外观形态上也非常多变——如乔其纱轻薄透气，欧根纱韧性挺括，香云纱柔软贴合——但在表现纱质面料时，只需要抓住两大特点即可：其一是透明度，通过透出下层对象或刻画层叠的变化来表现；其二是褶皱关系，因为质地轻薄，纱质面料容易产生细长琐碎的褶皱，在绘制时一定要进行归纳整理。

纱质面料表现步骤详解

01 用铅笔起稿，绘制出人体动态。模特右肩下压，臀部向右上方摆动，形成身体右侧收紧，左侧拉伸的动态。在走动时，右脚前迈支撑身体重量，落在重心线上；左腿悬空，左小腿向后抬起，形成较为明显的前后透视关系。手臂的透视与肩的透视保持一致。

02 案例表现的是带有古希腊风格的褶皱长裙。长裙的胸部有缠绕褶，通过大量褶皱的包裹形成紧身合体的造型，根据缠绕的方向来确定褶皱的形态，要将褶皱之下胸部的立体感表现出来。裙摆从腰部向下呈放射状散开，由于纱料轻薄，褶皱的线条呈出柔和弯曲的弧度。被纱料遮挡的臀部、腿部和左手要透露出来。

03 用玫红色调和土黄色，再调和大量清水，用稀释后的颜色绘制皮肤底色，待底色半干时叠加暗部颜色，让叠加的颜色和底色自然过渡。

04 在上一步调好的肤色中再加入少许玫瑰红，调出稍微深一点的肤色，进一步叠加皮肤的暗部。鼻子的侧面和底面、颧骨下方、下巴底面、锁骨、肩头、膝盖等部位，用较为肯定的笔触表现出结构的转折。手臂和腿部的笔触稍微柔和一些，过渡自然一些，形成圆柱体的体积感。帽子在面部的投影适当进行强调。

⑤ 等肤色完全干透后,用浅蓝灰色绘制眼珠,水红色绘制嘴唇。同样待颜色干透后,用小号描笔以极细的线条勾勒眼眶、瞳孔、鼻底、唇中缝和面部轮廓,仔细绘制出眼睫毛。用白墨水点出瞳孔、鼻尖和嘴唇的高光。

⑥ 用稀释后的浅中黄色绘制帽子的底色,在底色未干时,在帽子的两侧和帽檐上浅浅地叠加朱红色,让其在底色上自然地晕染开,表现出帽身呈圆柱体的体积感。用饱和度较高的桔黄色绘制耳环,留出高光的面积。

⑦ 用熟褐色调和少量的黑色,绘制帽子的豹纹图案。先绘制颜色较浅的斑点,再用较深的斑点点缀其间,笔触的大小、形状和分布要有一定变化。加深帽檐内侧的投影,刻画金属耳饰的细节,绘制项链,表现出珠子的立体感。

⑧ 用湿画法绘制裙子的底色。先用清水润湿红纱部分的纸张,然后用朱红色调和大红色绘制裙子底色,上半部分均匀铺色,到裙摆处再适当加水,用更浅的颜色进行自然衔接。待颜色稍干,在身体两侧和褶皱交叠处进行叠加,表现出胸部的立体感。待红色部分基本干燥后,用同样的方法绘制黑纱部分,并在底色未干时叠加大面积的暗部。

⑨ 在朱红色中调入适当的深红色,绘制红色纱料的褶皱。先在调好的颜色中加入较多的水,绘制裙摆因为左腿后抬而形成的大面积阴影区域,使其和底色自然相融。适当控干画笔水分绘制长裙胸部的缠绕褶,纱料质地轻薄,会形成众多尖细的长褶。待底摆的叠加干透后,整理裙摆边缘层叠的状态。因为纱的透明性,叠加的层数越多,颜色就越深。

⑩ 整理黑色薄纱的褶皱关系。同样重点整理裙摆边缘叠加的层次，右大腿处和脚背上的薄纱要将肤色隐隐约约透露出来。黑纱的褶皱堆叠较为密集，在整理时要适当取舍，表现出有疏有密的节奏感。

⑪ 用深红色调和少量黑色，对深红色纱料的褶皱阴影进行强调，进一步表现出褶皱的立体感。笔触一定要纤细，表现出纱料的轻薄。腰带和蝴蝶结装饰的投影需要加强，表现出蝴蝶结的立体感。用小描笔勾勒出裙摆褶皱的细节，更加明确褶皱的层叠关系，丰富褶皱的层次。绘制金属戒指，用强烈的明暗对比来表现金属的光泽感。

⑫ 绘制靴子，靴头的立体感较强，通过明暗关系表现出靴头和靴底的转折结构。用白墨水提亮高光，整理褶皱的细节。用清水在背景上铺开，然后用浅红色渲染出背景。用深红色调和微量黑色形成棕褐色，用较为明确的笔触铺出地面的阴影，用以烘托画面。整理细节，完成绘制。

ZHANG XIN YUE.
2020·2·8·

纱质面料表现作品范例

4.2 用水彩快速表现皮革面料

不同的皮革也会呈现出不同的视觉外观，如有皱裂状纹理的牛皮，有细微起绒的鹿皮，有亮面涂层的漆皮，有花纹的蛇皮等。尽管外观多种多样，但皮革类材质也具有一定共性。首先，皮革类材质都有一定的厚度，质地柔韧，因此会形成立体感强烈的环形褶皱。其次，大多数皮革都具有一定的光泽感，再加上褶皱起伏明显，会产生比常规面料更复杂的光影关系。

皮革面料表现步骤详解

01 用铅笔起稿绘制人体动态。可以先用大的体块来概括头部、胸部和臀部的关系，模特左肩下压，髋部向上方抬起，重心落在左脚上。前迈的左脚会对右脚产生一定的遮挡关系，向后抬起的小腿因为透视会产生相应的变形。

02 绘制出模特的五官发型和服装配饰等细节。整个造型上宽下紧，上身宽松的T恤呈箱式廓形，要保证足够的松量。下身半裙紧贴人体，呈现出鲜明的腰臀部曲线。裙摆外扩，褶量较大，起伏明显，在绘制时要注意圆形的透视规律。皮革的褶皱起伏明显，尤其是裆部和大腿上的拉伸褶，要仔细描绘出来。

03 用玫红色调和土黄色，再加入大量清水，调和出肤色来绘制皮肤。先用浅肤色薄薄地平铺一层底色，在底色未干时用稍深一些的肤色进行叠色绘制暗部，使两种颜色自然过渡，表现出大致的体积感。

04 等颜色半干时，调和更深一些的肤色，用小笔触较为肯定地绘制出结构转折的关键处，如眉弓、鼻底、颧骨、唇沟、下巴等部位，进一步塑造体积感。面部在脖子上的投影也要加重。

05 用蓝灰色绘制眼珠，用稀释后的大红色绘制嘴唇。等颜色干透后，再用小描笔勾勒眉毛、上下眼睑、鼻底鼻翼、唇中缝和面部轮廓的关键转折处。用黑色绘制瞳孔，加重上眼睑，再用白墨水提亮瞳孔和面部凸点的高光。

06 在佩恩灰中加入少量熟褐，调出暖灰色，再加入大量清水，用来绘制头发的底色。在头顶凸起处适当留白，通过叠色加重分缝线和头部两侧，表现出头顶球体的体积感，头发披肩的部分区分出大的前后层次。

07 用稍微深一些的暖灰色，在保持整体体积关系的基础上，整理头发的走向，细化出每缕头发的形态，理清上下叠压关系。脸部和脖子后方的的头发处于阴影中，需要加重。

08 在调和好的暖灰色中调入少量赭石色，在暗部进行叠色，丰富头发的色彩变化。再加入适量的熟褐，用更深的颜色叠加，加重头发阴影死角的部分。适当勾勒发丝细节，表现出头发的飘逸纤细。用白墨水提亮高光，进一步增强头发的层次感。

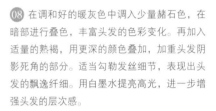

09 用浅灰色绘制 T 恤。绘制阴影的颜色不能太深，还要大量留白，来表现白色的固有色。通过较为肯定的笔触来表现服装的褶皱。笔触的形状和褶皱暗部及阴影的形状保持一致。

10 待上一步的颜色完全干透后，绘制 T 恤的图案。图案受到褶皱起伏的影响，形状会产生一定的变化。前胸处较为平整，图案变化较小，腋下因为结构的转折和手臂对躯干的遮挡，图案的变形和错位会更加明显。

11 用更深一些的灰色，加重 T 恤褶皱的阴影，使褶皱更加立体，层次更为丰富。但加重的面积一定要小，以保证 T 恤白色的固有色效果。

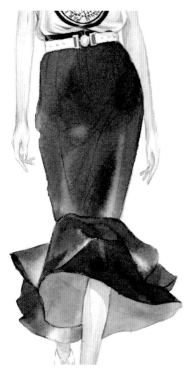

⑫ 用湿画法来绘制皮革半裙。先将清水平涂在半裙的区域，然后趁湿铺出底色，让颜色在纸面上自然扩散开。大腿上方要适当留白，底色未干时加重明暗交界线区域，使臀部和大腿部分表现出圆柱体的体积感。

⑬ 在底色没有完全干透时，整理裙摆褶边的形态，每个起伏的大褶都要表现出相对独立的体积感。待底色基本干透，用肯定的笔触来表现腰臀部和大腿处的褶皱，褶皱的大小和起伏程度不同，产生的阴影区域的形状也各不相同。

⑭ 用黑色调和普蓝色，稀释后叠加裙摆的内层，表现出反光部分的环境色。裙摆的上层会在裙摆内层产生大面积的投影，用大笔触加重投影，拉开裙摆外层和内层之间的空间距离。适当控干笔尖的水分，进一步添加出细小的碎褶。

⑮ 用白墨水提亮高光。皮革的光泽感很强，绘制高光区域时应该非常明确肯定。和阴影的形状一样，高光区域也会有形状和大小的变化，但高光会大面积集中在受光面，即大腿上方。褶皱凸起处也会有细碎的高光，要注意取舍。

⑯ 稀释黑色，绘制鞋子的底色，将鞋面的装饰预留出来，待颜色干透后再用小描笔勾勒出金属扣。

⑰ 用黑色加深鞋子的暗面，表现出相应的体积感。刻画鞋扣，添加出系带等细节。用白墨水提亮高光，表现出皮革和金属的光泽感。

18 绘制腰带等细节，同样通过强烈的明暗对比来表现皮革和金属的光泽感。

19 用湿画法绘制背景。先用清水润湿纸张，润湿的区域要小心避开人物和服装，避免背景的颜色污染人物和服装。在清水未干时，快速用浅钴蓝色和中黄色晕染背景，让这两种颜色在纸张上扩散相撞，形成自然的交融。等背景半干后，再用蓝灰色进行小面积点染，让笔触边缘略微扩散，形成花边式的色晕。在脚底略添加较为肯定的笔触，和扩散的背景色形成一定的对比。背景不需太过复杂，能恰到好处地衬托人物和服装即可。

皮革面料表现作品范例

4.3 用水彩快速表现牛仔面料

牛仔面料也称为"丹宁布"，最早用于劳动工人和放牧人的工作装，其特点是结实耐磨。现在，牛仔服、牛仔裤已经是人们日常着装中最为常见的款式了。牛仔面料的表面有较为明显的斜向纹理，这是因为经纱颜色深、纬纱颜色浅，并且经纱的密度大于纬纱，同时牛仔面料的表面会形成一定的颗粒感，且正反面呈现出不同的颜色。在快速表现时，牛仔面料的斜纹细节经常被省略，而且现在很多轻型和薄型牛仔面料也没有鲜明的斜纹了，因此需要用其他细节来体现牛仔面料的质感。一个是接缝处的加固线迹：为了防止接缝处被撕裂，经常采用明线或双明线进行加固，甚至还会用铆钉和线钉进一步加固；另外一个显著的特点是接缝处因磨损而产生的不规则的碎褶。将这些特点表现出来，牛仔面料的质感就能突显出来。

牛仔面料表现步骤详解

01 用铅笔起稿，绘制出人体的动态轮廓。人物上半身略微向左倾斜，左肩微微下压，双臂自然下垂，右臂微向前摆；胯部向左上方顶出，重心落于左脚；右腿向后抬起，小腿及脚部形成较大透视。

02 细化出人物的五官、发型和服饰的款式。头部戴有帽子，头发聚于脑后，注意帽圈要贴合头部。上衣较贴身，呈现出女性身体的曲线。牛仔裤较宽松，面料较硬，注意表现出松量；要注意裤腰叠压的空间关系以及系带的穿插。

03 用玫红色调和土黄色，再加入大量清水稀释，形成轻薄透明的颜色来绘制皮肤底色。再加入少量玫红色，叠加五官及双颊的暗部，表现出面部的明暗，同时绘制帽子在额头的投影、下巴在颈部以及手部的投影。

04 待面部肤色干透后，用深棕色描画眉眼轮廓，并用棕色及黑色绘制出瞳孔的颜色。然后稀释墨蓝色绘制出眼影，用红色为嘴唇添加妆容，最后用白色墨水点出瞳孔及面部高光，增加面部立体感。最后用棕红色勾画整理面部及五官的轮廓，突出五官结构。

05 用熟褐色调和少量棕红色绘制头发的底色，然后调和少量黑色叠色加深鬓角、耳后、颈后及披散发丝等暗部的头发颜色，注意根据发丝的生长方向运笔。整理头发的层次，然后用不同弧度的笔触绘制披散的发丝，表现出头发自然飘散的效果。提起笔尖，用笔锋绘制一些飞起的发丝，表现出动态效果。

06 用大量清水稀释黑色形成轻薄的灰色来绘制帽子，用肯定的笔触绘制出褶皱的形态，褶皱的转折要表现出帽子的体积感。再适当调和黑色，绘制帽子上的花纹及帽檐部分。待头发的颜色干透后绘制金属耳饰的颜色，加深边缘轮廓，用白墨水提亮高光，表现出金属的光泽和质感。

  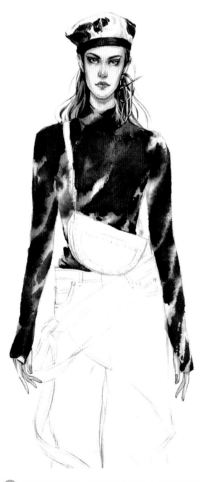

07 用湿画法绘制上衣的颜色，先在上衣部分平铺一层清水，趁水分未干，用蓝色斜向点画几笔，绘制出底色花纹，使颜色自然晕染开。注意花纹分布要随意，不要太过均匀。用同样的颜色绘制出指甲的颜色。

08 趁水分未干，用稀释的柠檬黄以同样的手法，在空白处继续随意点画出黄色花纹。黄色与蓝色相接的部分，利用水彩渲染的特性，形成自然的叠色效果。

09 待底色半干时，用黑色叠涂出大面积的花纹，使其在纸面上产生撞色效果，表现出多色拼接的花纹。用自然形成的水彩边缘扩散形态表现出图案的效果。绘制时注意身体的曲线。

155

⑩ 用蓝色平铺胸前挎包的底色，并加深包体转折面及暗部，表现出挎包的明暗关系。用同样的颜色点绘出碎褶及铆钉的投影。

⑪ 用黑色勾勒包带的轮廓线，并绘制出金属扣的色彩，用明确的笔触线条及高光的留白表现出金属的质感。用白墨水写出上衣前胸的装饰文字。

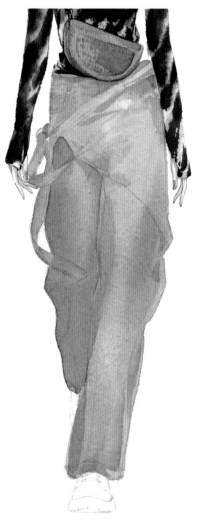

⑫ 用稀释后的蓝色浅浅地平铺牛仔裤的底色，然后快速用清水笔在顶出的胯部和前迈的腿部上方洗掉部分颜色，形成受光面，再加深腰部及裤腿两侧、系带等暗部投影，初步绘制出牛仔裤的体积感。

⑬ 待底色未干时，快速地整理出牛仔裤的褶皱关系及投影暗面，让加深的颜色和底色能够自然融合。褶皱及暗部主要集中于腰部、裆部及后面的右腿部分。

⑭ 用肯定的笔触加深裆部、左大腿处的褶皱形态，以及腿部两侧转折面及右小腿上的投影部分，表现出腿部的圆柱体体积感。用更深一些的蓝色绘制腰带上的花纹，并加深搭片及系带在腿部的投影，表现出叠压的层次关系。

15 进一步加深褶皱暗部及裆部的投影，突出褶皱的起伏感及牛仔裤挺括的面料质感。绘制出系带上的缝合线及碎褶。用黑色绘制皮鞋及挎包上的铆钉装饰，并添加鞋带的色彩，注意加深鞋面的转折面，表现出隆起的脚部形态。最后用白色墨水添加服装及鞋包的高光，提亮亮面，表现出光泽感。点出铆钉的高光及挎包的皮革反光点，表现出凹凸的皮质纹理。

16 用湿画法绘制浅绿色背景，注意避免背景的颜色污染人物和服装。等背景半干后，用稀释的灰色和橙色绘制路牌装饰，并进行小面积点染，使点状笔触形成花边式晕染，丰富背景效果，衬托人物和服装，完成绘制。

牛仔面料表现作品范例

4.4 用水彩快速表现皮草面料

不同的皮草会呈现出不同的外观，但基本上可以划分为长毛皮草、短毛皮草、卷毛皮草和剪绒皮草。前三种皮草尽管毛丝的长短、曲直不尽相同，但都会产生丰厚、蓬松的外观，而剪绒皮草通常会用点状笔触来表现或处理成颗粒质感。在表现皮草时，尽量先从整体入手，先表现出皮草球体、半球体或圆柱体的体积感；然后根据毛丝的长短和走向来整理皮草的层次，皮草通常都会有生长点或聚集点，毛丝会呈放射状分布；最后再整理皮草的边缘和毛丝的细节。这样层层推进，才能够表现出繁而不乱的皮草效果。

皮草面料表现步骤详解

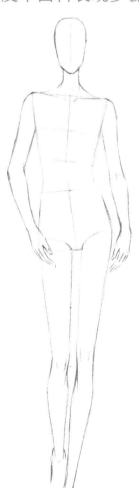

01 用铅笔起稿绘制人体动态。用大的体块概括出头、胸和胯的结构，模特左肩下压，胯部向左上方抬起，重心落于左脚。双手插兜，自然弯曲。右腿向后抬起，小腿因透视产生相应的变形，右脚有一部分被左腿遮挡。

02 细化人体并绘制出五官、服装和配饰。上衣为皮草大衣，用短线排列画出皮毛质感，并在胸前及肘部弯折处表现出褶皱关系。裙摆较厚实，通过褶皱形态体现出腿部动态及体积感。添加发型，绘制出头上的帽子，帽子完全包裹头部，注意头部体积及帽檐翻折产生的双层叠压关系。

03 先用玫红色加入少量土黄色，再调和大量清水，快速平涂出皮肤的底色。再加入少量玫红色调出深一些的颜色，叠加出皮肤的暗面和阴影，增强人体的立体感。重点加深眉弓和鼻底的投影，同时表现出颈部的投影。

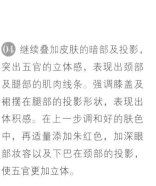
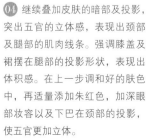

04 继续叠加皮肤的暗部及投影，突出五官的立体感，表现出颈部及腿部的肌肉线条。强调膝盖及裙摆在腿部的投影形状，表现出体积感。在上一步调和好的肤色中，再适量添加朱红色，加深眼部妆容以及下巴在颈部的投影，使五官更加立体。

05 用浅蓝灰色绘制出眼珠,用黑色点出瞳孔,用白色点出高光表现眼睛的神采。勾勒出双眼皮结构、眼线、睫毛和眉毛。用大红色加清水绘制嘴唇,并勾勒出鼻梁的明暗交界线。再调和少许深红和黑色勾勒唇中缝及下嘴唇的投影,突出嘴唇的立体感。用白墨水提亮面部高光。

06 用大量清水稀释赭石色绘制两侧的头发,注意发丝的走向。用佩恩灰调和适当清水绘制帽子的底色,并在底色未干时加深帽子的暗部及帽檐部分,初步表现出帽子的球体体积。加深帽檐与头部相接的部分,表现帽子包裹着头部的关系。

07 进一步加深帽子的暗部,勾勒出帽子的针织纹理。用白色墨水添加翻折处的高光,表现帽子的叠压层次。在赭石色中加入熟褐色,加深暗部的头发,并进一步整理发丝的走向。绘制时笔触要尽量收尖,表现出发丝的质感。绘制耳饰及帽子上的金属装饰,通过强烈的明暗对比来表现金属的质感。

08 用湿画法绘制出翻折的内衬。左侧内衬大面积受光源影响,明暗对比明显,注意留出高光的区域。右侧内衬背光,明暗对比稍弱一些。同时绘制外衣前胸拼接的部分、袖口部分和内搭的领口。

09 细致刻画并加深左侧翻折内衬的暗面及投影,然后挤干笔尖上的水分,用清晰的白色笔触绘制出光泽的形态。通过强烈的明暗对比,表现出皮革的光泽感。

10 用中黄色调和大量清水,绘制皮草的底色,高光部分适当留白。皮草面料虽然蓬松,但也会出现一定的褶皱关系,并且褶皱又长又深,会呈现出鲜明的圆柱体体积感。皮草的毛丝较短,因此呈现出一团团的形态。

11 待底色干透后，绘制豹纹图案。先用黑色加水调出灰色，绘制一层较浅的图案，再加入一些黑色，用深一点的灰色绘制第二层的图案。绘制时挤出笔尖上的水分，使笔尖自然分叉，来表现毛丝的形态。运笔时通过不同程度的按压笔尖，形成大小、形状不同的点状图案，并通过快速提笔产生的飞白笔触表现出毛丝的质感。图案要有疏密大小的变化，不能太过杂乱。领子、肩膀及肘部等褶皱处的图案颜色最深，尤其要加重。

12 待豹纹颜色干透后，用深一些的中黄色加深大衣的暗面，进一步突出褶皱的起伏形态。并用同样的方法排列细小的短线，在大衣边缘及褶皱凸起的位置，仔细整理出微翘的绒毛，表现出皮草蓬松的质感。

13 在裙子的主体部分铺上清水，在佩恩灰中加入少量红色调出暖灰色，在水分未干时铺出底色。用朱红色绘制裙子的边缘，用短笔触排列出边缘花纹的轮廓形状。用同样的颜色绘制出内搭服装前胸的色块。

14 用更深一些的灰色及红色加深裙摆的暗面及投影。待颜色干透后，用小描笔勾勒出人字呢的纹理。人字呢的纹理排列规律，注意通过深浅及粗细不同的笔触，表现出褶皱的起伏及整体明暗关系。

15 用灰色和红色绘制出鞋底、鞋面及鞋口的底色，注意留白高光。用深一级的颜色加深左脚鞋子前面的暗部，突出左右脚的前后位置关系。用土黄色绘制挎包的LOGO。

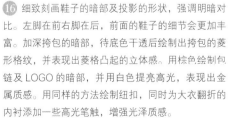

16 细致刻画鞋子的暗部及投影的形状，强调明暗对比。左脚在前右脚在后，前面的鞋子的细节会更加丰富。加深挎包的暗部，待底色干透后绘制出挎包的菱形格纹，并表现出菱格凸起的立体感。用棕色绘制包链及LOGO的暗部，并用白色提亮高光，表现出金属质感。用同样的方法绘制纽扣，同时为大衣翻折的内衬添加一些高光笔触，增强光泽质感。

17 用干画法绘制背景，突出人物及服饰。干画法产生的飞白笔触和皮草的质感有所呼应，背景的添加能使画面更为完善。

皮草面料表现作品范例

4.5 用水彩快速表现印花面料

印花属于图案的表现，在绘制时，首先要处理好平面图案与立体服装间的关系，其次要处理好图案与其他设计元素的关系。通常情况下，服装的结构越复杂，面料的肌理越明显，图案就越简单；图案越复杂，就越需要较大的平面对其进行充分的展示，尤其近些年来随着技术的发展，印花图案的精细程度和写实程度越来越高，在快速表现时需要适当进行省略和简化。还要注意的是，如果印花图案是不规则的小碎花，表现可以随意一些，处理好图案的分布即可；但如果是规律的图案或是大面积印花，就要考虑到因为纱向和褶皱起伏而产生的变形和错位。

印花面料表现步骤详解

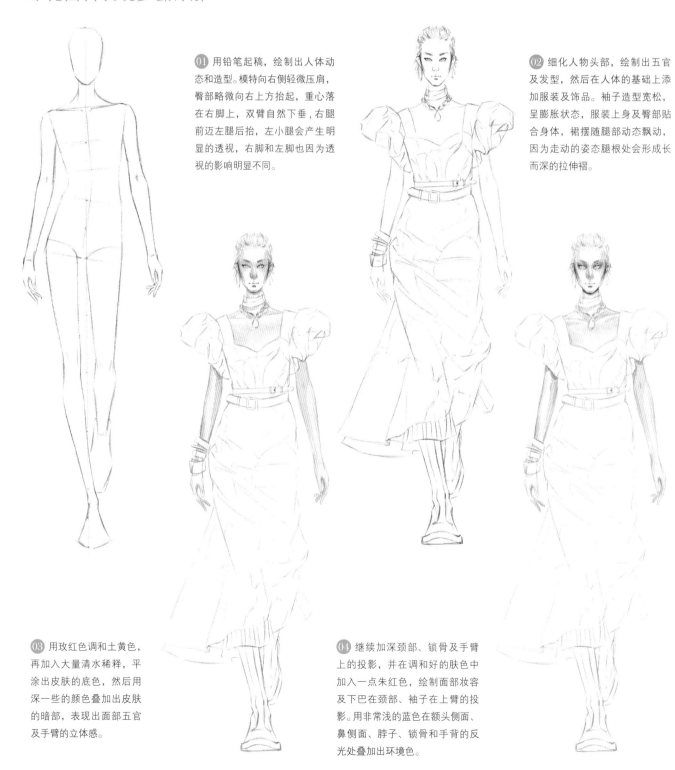

01 用铅笔起稿，绘制出人体动态和造型。模特向右侧轻微压肩，臀部略微向右上方抬起，重心落在右脚上，双臂自然下垂，右腿前迈左腿后抬，左小腿会产生明显的透视，右脚和左脚也因为透视的影响明显不同。

02 细化人物头部，绘制出五官及发型，然后在人体的基础上添加服装及饰品。袖子造型宽松，呈膨胀状态，服装上身及臀部贴合身体，裙摆随腿部动态飘动，因为走动的姿态腿根处会形成长而深的拉伸褶。

03 用玫红色调和土黄色，再加入大量清水稀释，平涂出皮肤的底色，然后用深一些的颜色叠加出皮肤的暗部，表现出面部五官及手臂的立体感。

04 继续加深颈部、锁骨及手臂上的投影，并在调和好的肤色中加入一点朱红色，绘制面部妆容及下巴在颈部、袖子在上臂的投影。用非常浅的蓝色在额头侧面、鼻侧面、脖子、锁骨和手背的反光处叠加出环境色。

05 稀释朱红色绘制眼妆效果，并绘制出嘴唇的颜色。待眼部颜色干透后，用深棕色绘制眉毛、眼线、眼睫毛，用浅褐色和黑色绘制眼珠和瞳孔。用深褐色勾勒上下眼睑、唇中缝及面部投影。用白墨水点出面部的高光。

06 用大量清水稀释黑色，绘制头发、耳饰及项链的底色。加深头顶处的头发暗部，并留白发丝间隙，表现出头发的体积感及层次感，尤其要注意发际线处的笔触和额头的衔接。项链为金属材质，要留出清晰的高光形状。

07 用黑色细致勾勒头发，表现出发丝的生长方向。绘制耳饰及项链的暗部，注意通过清晰的暗面形状和高光区域，表现出金属的强反光特质。要适当对宝石的切面进行刻画，然后提亮头发、耳饰及项链的高光。

08 用黑色调和大量清水，绘制裙子上的花纹，裙摆部分因腿部动态产生较多复杂褶皱，注意根据褶皱起伏改变用笔力度及方向，使花纹贴合服装。绘制腰带和手镯，注意留白高光，表现出明暗关系及体积感。

09 稀释钴蓝色来绘制裙子的底色，与灰黑色花纹形成双色拼接的花纹效果。袖子凸起处、大腿上方及裙摆前端颜色稍浅，裆部、腋下、身体两侧颜色稍深，形成明暗对比。绘制时注意笔触的形态，花纹边缘的分界线留白。

10 用佩恩灰调和一点蓝色形成冷灰色，加入大量的清水稀释后，用来绘制裙子白色图案的褶皱。要掌握好蓝、黑、白三种颜色的明度对比，尤其白色部分要保证充足的留白面积，来突显白色的固有色。

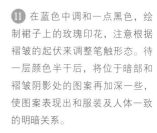

⑪ 在蓝色中调和一点黑色，绘制裙子上的玫瑰印花，注意根据褶皱的起伏来调整笔触形态。待一层颜色半干后，将位于暗部和褶皱阴影处的图案再加深一些，使图案表现出和服装及人体一致的明暗关系。

⑫ 稀释黑色，整体加深裙子的暗部及投影，突出褶皱形态及层次关系。再用黑色进一步加深裙子及腰带的暗部，表现出皮革和金属的光泽感。花瓣的交叠处会产生浓重的投影，仔细刻画花瓣的层次，使图案更显精致。

⑬ 用稀释的黑色绘制靴子的底色，用浅蓝色绘制鞋帮。两只靴子一前一后，加深前面那只靴子的颜色并强调轮廓线，突出前后的空间感。

⑭ 加深靴子的暗部，强调明暗对比，表现出皮革的质感，同时注意圆柱体积的表现。绘制出鞋带，用白色绘制高光，并点涂出鞋带孔及装饰，注意脚踝处的褶皱起伏。

15 调整画面各部分的关系，用白色勾勒高光轮廓，提亮画面。用灰色绘制脚下的投影，并用湿画法添加浅紫色的背景，突出人物，完成绘制。

印花面料表现作品范例

4.6 用水彩快速表现绗缝面料

　　绗缝是固定夹层面料和填充物面料的一种工艺手段，大部分棉服和羽绒服所用的都是绗缝面料。绗缝面料有两个鲜明的特征：一是因为填充物而产生的膨胀的体积感，二是因为绗缝工艺，会从绗缝线处发散出大量的碎褶。如果填充物较少或较薄，通常会采用较为规律的菱格形绗缝，菱格凸起产生棱台体的体积感，这种情况下绗缝线处的碎褶较少，如果表层面料是如同皮革之类较厚的面料，有可能不会产生碎褶。如果填充物较多、较厚实，常采用横向或斜向的绗缝，在绘制时要表现出球体、半球体或圆柱体的体积感；这种情况下会产生大量复杂的放射状碎褶，在绘制时要有意识地进行取舍。

绗缝面料表现步骤详解

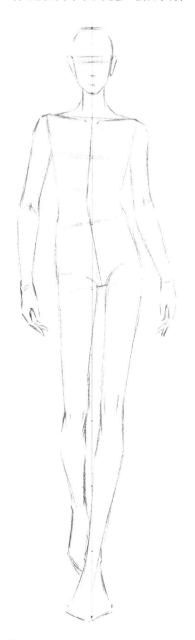  

01 用铅笔起稿，绘制出人体动态轮廓。用肩点、胸高点、腰点及大转子的连线确定半身的姿势，双臂自然下垂摆动。重心落于左脚，右脚微微向后提起，注意小腿及脚部的透视。

02 细化头部，绘制出五官及发型。在人体的基础上添加服装款式。羽绒服宽松、厚实，注意留出足够的松量和体量感。前胸有堆积褶的设计，并捆扎成复杂的形态，要理清层次关系。牛仔裤质地挺括，用长直线绘制左裤腿的轮廓，右腿在膝弯处形成褶皱，用硬朗的短线来描绘。

03 用大量清水调和玫瑰红与土黄色，绘制出皮肤底色，然后再用玫瑰红加深五官、额角及颧骨的暗部，初步表现出头部的体积感。用水稀释玫红色，用湿画法绘制出羽绒服的底色，从暗部开始画，让颜色从暗部向亮部自然扩散，形成柔和的高光区域。

04 进一步加深五官暗面，突出五官体积感。稀释朱红色绘制嘴唇的颜色，并略微勾勒鼻头的明暗交界线。用深棕色勾勒上眼睑和鼻底轮廓，用灰色调和一点点蓝色绘制眼珠，用黑色绘制眉毛、眼线及瞳孔，加深唇中缝，最后用白墨水添加双颊、鼻梁、鼻头及下嘴唇的高光。

05 用大量清水调和赭石色绘制头发的底色，头顶凸起处留白。待底色干透后，用赭石色整理出头发层次，注意根据发丝的生长方向调整笔触方向，头部两侧及鬓角部分尤其要表现出头发的厚度。用深棕色勾勒耳饰的轮廓。

06 用湿画法绘制系扎褶，在该区域平铺清水打湿纸张，然后用紫红色绘制出围巾的底色，注意避开褶皱亮部，褶皱凸起处留白高光。然后加深脖子、系带捆扎及羽绒服遮挡位置产生的阴影，初步表现出明暗关系。用同样的方法绘制羽绒服的内衬。

07 待羽绒服的底色干透后，用相应的颜色加深强调羽绒服的暗面，尤其是要强调袖子圆柱体的体积感。羽绒服内的填充物饱满，因此绗缝形成的褶皱少而细碎，用小的块面来表现碎褶。前胸的堆积褶，褶量大且形状复杂，用较大的块面表现褶皱的形态。用黑色绘制袖口装饰、拉链、扎带、按扣及内衬部分，同样注意留白高光。

08 进一步加深褶皱的暗部及投影，添加褶皱的细节。细碎的小褶很多，要有一定取舍，添加的褶皱不能破坏服装整体的体积感。最后用黑色加重前胸叠褶颜色最深的阴影死角部位，表现出褶皱的叠压关系。

09 绘制裤子及鞋子的底色，先用蓝色平涂出底色，再加深裆部、双腿两侧及鞋子的暗面。注意双脚的前后关系，加深右脚上的鞋子的颜色，区分前后层次。

10 用深一些的蓝色绘制裤子的暗部，并用明确的笔触绘制羽绒服在裤子上的投影。牛仔裤质地较硬，褶皱的立体感强，投影面积较大，注意用不同的笔触来表现褶皱的形态。左腿在前，光源位于人物左侧，左腿会在右腿上形成大面积投影，右小腿以下部分的裤子及鞋子整体都笼罩在阴影中。

11 继续深入细致地刻画裤子及鞋子的明暗对比，用更深的颜色仔细勾勒裆部及右腿上的褶皱，用更加明确的笔触绘制一些小的褶皱。用黑色绘制颜色最深的裤脚裂缝、装饰扣以及鞋面的暗部，强调暗部投影。

12 整理裤子及鞋子整体的明暗关系，用白墨水绘制出高光线，并点出装饰扣的高光，表现出球体的体积感。

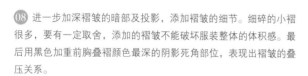
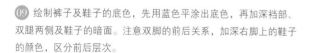

13 用白墨水整体提亮羽绒服及前胸叠褶的高光，并绘制羽绒服上的文字图案。绘制高光时要根据褶皱的形态而改变笔触，突出褶皱形状的多变性。用蓝色调和一点灰色，绘制脚下的投影，并用湿画法添加橙色的背景，注意人物与背景色相接处的色彩衔接，完成画面的绘制。

绗缝面料表现作品范例

05

时装画
快速表现的
应用

5.1 时装画快速表现在设计实践中的应用

▼ 时装画快速表现是设计师记录灵感的常用方法

对于时装设计师而言，创新性和原创力是最为核心、最具价值的能力，引发创意的设计灵感是最宝贵、最难得的东西，甚至是可遇而不可求的。一旦有灵感的闪现，设计师就需要及时捕捉灵感。成熟的设计师应该随时留意、观察、思考身边的事物，可以在任何时间、任何地点，尽可能地利用一切可以利用的工具来记录能激起创作冲动的东西。

既然灵感转瞬即逝，那就需要记录灵感，在灵感消散前将其"固定"下来，较为常用的方法包括但不局限于拍照、摄像、录音、文字描述和绘图。以绘图的方式来记录灵感，通常会采用简洁、概括的快速表现，甚至是只用一支笔、一张纸就能进行绘制。

记录设计灵感的快速表现也有一些特点：其一，不要求画面的完整性，灵感虽然宝贵，但初期的灵感或偶发性的灵感并不成熟，也并不是所有的灵感最后都能转变成设计作品，如果在设计初期就想着要面面俱到，有可能会失去灵感带来的新鲜劲儿，或是在某个地方反复琢磨，导致没能将灵感完整记录下来；其二，要抓住最能刺激或打动你的特点进行记录，保持特征的鲜明性，当你整理或归纳灵感素材时，这些记录才能够激发强烈的创作冲动。

记录灵感的草图或概念图不用特别完整，只需绘制出局部或大廓形即可。

▼ 时装画快速表现是设计师完善设计方案的工作方式

好的设计不是一蹴而就，而是设计师经过反复琢磨、修改、调整，才能最终成型。不同的设计师有不同的工作方式：有的设计师在人台上直接用白坯布进行立裁实验；有的设计师从图案入手，先设计平面印花图案；有的设计师偏重纤维艺术，先设计制作出面料，再结合面料的效果和特性来设计服装。但是，大多数设计师都是先绘制出服装的概念图和草图手稿，再不断修改、调整，逐步完善，直到完成令人满意、符合需求的作品，这阶段的工作也被称为设计拓展。

在进行设计拓展时，设计师们也会采用适合自己的设计方法，有的设计师从比例分割和廓形入手，先确定整体的视觉印象，然后再推敲结构的合理性，逐步细化；有的设计师从局部入手，如某一个立体结构或某种装饰细节，然后将局部不断进行组合、演化，创造出尽可能多的新样式。如果是商业设计师，还要考虑到多种款式间的替换和搭配。

不论采用怎样的设计流程、何种设计方法，从灵感到成品，中间都会经历多个环节和大量的修改。通过快速表现简练又准确地勾勒轮廓，然后用大笔触着色展现出色彩搭配效果，这样不仅能够提高工作效率，而且能够明确地将自己的设计意图表现出来，因此，快速表现可以说是设计师必须具备的基本技能。当然，随着技术的发展，很多设计师也会采用绘图软件来辅助工作，但不论是手绘还是电脑绘图，快速表现的基本技巧和方法是不变的。

设计师在工作中，会对设计细节进行反复推敲和修改。

▼ 时装画快速表现是设计师在设计流程中进行沟通的有效手段

从市场调研、寻找面料、设计研发，到监控服装品质、策划营销计划，尽管设计师的工作是复杂且多样的，但绘制效果图或设计手稿，一直被认为是设计师最核心的工作。

从灵感到服装成品，再到一季接着一季的流行，要确保整个品牌或公司的顺利运转，设计师的工作绝对不是单打独斗，而是团队共同努力的结果。既然需要多人协作，那各环节的沟通交流就必不可少。和设计师直接交流或衔接的人员主要有设计助理、版师、样衣师、图案设计师等，设计师需要保证沟通交流的准确和有效。效果图或设计草图比文字描述或素材的展示更为直观、具体、形象，尤其是在后续环节对初始设计进行修改订正的场合，快速完成的设计手稿无疑是最为有效的凭证，能够帮助整个团队解决流程中的实际问题，达到节约时间和成本的目的。

除了商业品牌和企业的服装设计师以外，对其他类型的服装设计师而言，快速表现仍然是设计师与他人沟通的有效手段，例如私人定制设计师可以借助快速表现和客户沟通；影视剧的服装造型师可以借助快速表现和剧组工作人员、演员进行沟通。总之，在工作中设计师们常常会面临需要随机应变、见机行事的场合，这时候只有凭借过硬的专业技能，才能确保工作顺利完成。

在设计师和其他工作人员进行交流时，快速表现能够极大地提高沟通的效率。

▼ 时装画快速表现是商业插画师经常采用的艺术风格

商业时尚插画是时尚行业的一个细分，尽管早在 16 世纪就已经出现了广泛传播的木版和铜版时装画，但商业时尚插画在 20 世纪 30 年代才慢慢确立了行业地位，并在 20 世纪五六十年代达到了高峰。现在，商业时尚插画也广泛应用于书籍、报刊、网页插画，以及产品图案与包装设计和品牌宣传推广等。

商业插画与传统的绘画艺术有较大的区别，其创作目的通常是为商品或企业服务，而不像传统艺术的创作是以艺术家的个人情感和兴趣为驱动。商业插画一旦更新服务的对象或结束销售，那商业插画的使命也就此完成，这与艺术品被收藏或拍卖的结局也不尽相同。当然，现在很多知名插画家的作品已经有了和艺术品同样的价值。

商业时装插画与时装效果图和设计稿也有较为明显的区别：时装画是为商业目的而创作的，服装并不需要实际生产出来。因此商业时装插画以鲜明的艺术风格和画面氛围为主，可以采用更自由、广泛、多元化的表现方式。其中，以极简省略风格为代表的快速表现，是受到诸多商业插画师喜爱和推崇的风格。从久负盛名的勒内·格鲁瓦（René Gruau）、大卫·当顿（David Downton），到先锋插画师维尔温·约西（Velwyn Yossy）、路维萨·布菲特（Lovisa Burfitt），都是这种风格的拥趸。

在商业插画中采用快速表现，不同于商业设计中为了节约时间、提高工作效率的快速表现，而是经过高度的概括甚至是抽象，以极为精练、精准的笔触，表现出极富艺术感染力和视觉冲击力的画面，可以说代表着极高的审美修养。

·勒内·格鲁瓦时尚插画作品　　·大卫·当顿时尚插画作品

·维尔温·约西时尚插画作品　　·路维萨·布菲特时尚插画作品

5.2 时装画快速表现在应试中的应用

应试时装画与常规时装画的区别

应试时装画是指考生在学位考试或职业考试时所绘制的时装画。考试时，考生要在规定的时间内，按照考题的要求绘制出相应的效果图。要在短时间内充分将自己的设计水平和绘画能力展现出来，就要明白应试时装画与设计效果图和商业插画的不同之处。

▼ 必须符合考题要求

除了自由创作的时装画，其他类型的时装画或多或少都会受到一定的限制，设计效果图会受到市场细分、消费者需求、生产成本等的限制，商业插画会受到客户需求的限制，应试时装画受到的限制更明确、清晰。常见的考题限制包括但不局限于设计主题或风格、代表性款式、季节、场合、服装功能、关键设计元素等。在应考时，一定要紧扣考题展开设计，一些"擦边球"式的设计方案或者界限含糊的设计方案最好摒除。此外，紧扣考题还包括完成所有题目，不要漏题，也不要随意增加与考题不相关的内容。

▼ 不要轻易修改设计方案

考场时间有限，因此很难做出特别成熟完善的设计方案。想要取得较好的成绩，一定要在考前做好充分的准备。研究历年真题是一个非常有效的方法，考生可以从历年真题中总结出一些规律，提前准备一些通用型的设计方案，再根据实际情况随机应变。

在考前可以多方推敲，但是到了考场上就要有较为确定的设计方案。在绘制前不要急于落笔，要花一点时间认真审题；在绘制时要一气呵成，避免反复涂改。在绘制中再修改设计方案，一方面可能会影响画面效果，另一方面会造成时间的浪费，影响画面的完成。

▼ 保证画面的完整性

应试时装画受到考试时间的限制，画面细节很难面面俱到，重要的是呈现出相对完整的作品，哪怕刻画不够精致，也一定要保证画面的整体效果。一方面，考生要规划好各阶段的时间，为确定设计方案、起稿、勾线、着色、设计拓展、写设计说明等留出一定的时间，不要在某个阶段耗费太久而导致最后没能完成绘制。另一方面，要把握好整体与局部的关系，尽量保证画面效果呈现出整体推进的状态，如铺底色时就将皮肤、头发、服装、主要配饰的底色全部铺完，绘制褶皱时就将所有服装的大面积褶皱全部整理出来，使画面处在一个随时可以交卷的状态，如果时间充裕，再进行层次的丰富和细节的刻画。

▼ 准备一些救急的方法

在考场上，有可能会出现一些突发状况，最好在考前就制定一些应对方案。例如马克笔绘制速度快，但不易修改，有一种方法是在制定设计方案时采用明度较高的配色方案，这样如果画错了还可以用深色进行覆盖，或者是准备有覆盖力的白墨水，既可以提亮高光，又便于修改。再比如，因时间不够无法画完，就需要进行取舍，先绘制重要的主体，如服装；将次要的人物造型或配饰进行简化、省略，甚至放弃一些局部，以保证主体的完成度。

在考场上，不论发生什么意外，都要保持良好的心态，哪怕出现预想之外的情况也要沉稳应对，尽可能地完善画面。

▼ 卷面效果尽量美观

尽管不同考试的内容有所不同，但大多数服装院校的考试除了效果图外，还有可能包含平面款式图、设计拓展草图、平面制版、设计说明等。考生首先要保证所有内容都能呈现在考卷上，不要出现放不下的情况，也尽量不要画在考卷背面（除非考题中标注可以使用背面）。其次考卷上的各部分内容要合理分布，切忌不同题目的内容混乱穿插，卷面要整洁、清晰、美观且便于阅读。

应试时装画表现案例详解

在前面已经提及了应试时装画的一些要求和特点，但根据考试时长、考题的关联性，甚至是考卷纸张的质感等，考生需要在实际情况下灵活应变。例如，三小时完成一款效果图和三小时完成两款效果图，画面的精细程度肯定不同；如果效果图的考题和平面制版的考题相关联，那效果图的款式结构就可以稍微简洁一些，在面料质感或图案上增加一些细节，避免效果图的服装结构过于复杂而影响纸样的完成；如果考卷纸张不够吸水，容易起皱，用水彩绘制时就避免使用湿画法和大量晕染。在下面的案例中，从设计主题、表现方法到难易程度等，各方面都可作为应试参考。

▼ 职业装表现案例详解

职业装通常用于商务、工作等较为正式的场合，需要兼具礼仪性和功能性，常见的职业装是以西装或正装外套为基础而展开的着装搭配，以干练、简洁、大方、端庄的风格为主。时至今日，职业装已不再局限于标准三件套或者西服套装，而是会紧随流行，在局部款式、面料、图案、穿搭方式或是饰品搭配上进行创新，不仅能展示着装者的专业面貌，还能展现其高雅的审美修养。

① 用铅笔起稿，绘制出人体结构比例及行走的动态。人物右肩轻微下压，左手贴身下垂，右手自然摆动；胯部向右抬起，身体重心落于右脚，左小腿因向后抬起产生较大透视。

② 在动态基础上绘制出五官、发型、服饰及手提包的大致轮廓。西服面料厚实、挺括，用长且流畅的线条概括出轮廓，腰部因系有腰带而产生复杂褶皱关系，注意服装与人体的空间关系。内搭的不对称长T恤和贴身的包裙形成了较为复杂的层叠关系，梳理褶皱方向，表现出腿部动态对裙摆的影响。

③ 在草图基础上，用浅棕色针管笔对皮肤部分进行勾线，用深褐色小楷笔勾勒出发型及五官轮廓，注意表现发丝的层次。用黑色小楷笔勾勒出服饰及鞋包的线稿，用肯定有力的线条绘制轮廓线，用较为柔和纤细的线条表现褶皱及明暗交界线。擦除铅笔痕迹，保留勾线线稿，保持画面整洁。

④ 用浅肤色平铺出皮肤底色，再叠色加深暗部，留白鼻尖高光，表现出五官的立体感。用深棕色描画出眉毛及睫毛，并绘制出瞳孔的颜色。颈部、手部及下肢部分也用同样的方法绘制出肤色，并强调衣服在四肢上的投影。用桔黄色、赭石色和熟褐色来绘制头发的颜色，先铺底色，再加深转折面及耳后、脖子等叠压处，表现出发量和体积感。留出头顶高光，进一步强调发缝、发尾等暗部，体现出层次感。

05 为外套上色，先用浅蓝紫色浅浅地铺出底色，留白高光区域，体现出人体结构对服饰的影响。通过叠色来初步塑造褶皱，用明确的色块绘制出褶皱的形态。

06 用深一些的蓝色对上衣进行叠色，加深暗部阴影并整理褶皱关系。通过控制用笔速度和力度来调整笔触，表现出褶皱的形态。用"扫笔"的方式绘制出渐变效果，形成较为自然的过渡。

07 继续用较深的蓝灰色强调整理肩部、腋下、手肘、腰部、袖口及下摆处的暗部，并刻画领口及纽扣周围因叠压产生的投影，增加层次感，绘制时笔触同样要有粗细变化，且与上一步的色块形状区分开来，使褶皱的立体感更加明确。

08 用桔红色平铺出内搭的不对称长T恤的底色，先忽略褶皱，均匀铺色即可。

09 用稍深的朱红色整理大面积的褶皱，再用赭石色加重褶皱的暗部，突出褶皱膨起的体积，体现出裙摆的飘逸感。强调西服在下裙上的投影，注意投影的形状要和人体动态保持一致。

10 用大红色小楷笔绘制出内搭服装的条纹图案，注意根据面料丝缕方向及褶皱起伏绘制线条，通过线条间衔接的错位来表现立体感。然后用深棕色小楷笔沿红色条纹边缘再绘制一根细条纹，丰富细节的变化。

⑪ 选择一个中度灰的色号来平铺包裙的底色，然后通过叠色，将大腿上方的受光面和大腿两侧的背光面区分开。

⑫ 用深一度的灰色整理出裙摆的褶皱关系。裙子较为合体，因此受到腿部运动的影响非常大，两腿间的拉伸褶非常明显。左小腿抬起而形成的挤压褶也非常突出。

⑬ 用黑色进一步加重裙子的暗部和褶皱的阴影，使褶皱起伏更具立体感。裙子的色彩受到内搭服装的影响，用桔黄色添加环境色。强调上衣在裙子上的投影，区分出层次感。

⑭ 用深灰色绘制腰带，用桔红色绘制腰带扣。腰带为皮革材质，明暗对比强烈，高光区域明显，可以借助方笔头的形状留出非常明确的高光形状。

⑮ 用黑色绘制腰带的暗面，暗面的形状也非常明确。通过界线明显的明暗面，可以快速表现出皮革的光泽感。金属扣的暗部可以用赭石色来叠加。

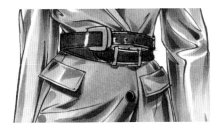 

⑯ 手包整体呈现立方体，用赭石色来绘制手包主体，同样用方头马克笔来快速铺色，并借助笔尖的形状留出区域界线明显的高光部分。皮包的配件用桔黄色来绘制。

⑰ 用棕褐色来绘制手包的暗部。手包的底面和侧面转折明显，但皮革有一定的厚度，在叠加暗部时要通过笔触的间隙将厚度表现出来。

⑱ 用熟褐色加重手包的明暗交界线，笔触通过力度的控制产生深浅变化，形成较为自然的过渡。皮革的光泽感使其容易受到环境的影响，用浅钴蓝色来添加环境色。

⑲ 用棕红色绘制皮鞋部分，鞋头处的转折鲜明，通过笔触的间隔保留明确的高光形状。用和腰带一样的颜色来绘制金属扣。

⑳ 用深褐色加重暗部区域，强调明暗交界线，加强明暗对比，突出皮革质感。笔触的形状和转折面保持一致，收笔的速度要快，使笔触一端肯定，另一端过渡自然。

㉑ 用桔黄色为西服添加环境色，统一画面的色彩基调。绘制西服上的图案，先用钴蓝色绘制图案底色，再用黑色勾勒出波浪图案翻卷的细节，笔触的粗细要有变化，表现出图案的韵律感。用群青色进行叠加渲染，增加图案的层次变化。

㉒ 用高光笔在图案上勾勒出细节线条，点上白色的圆点，使图案的装饰性更强，细节更为完善。圆点的分布要讲究大小、疏密，随意而不凌乱。用高光笔勾勒出顺滑的线条，提亮西服的高光，明确褶皱走向和边缘轮廓。

㉓ 用高光笔绘制出内搭 T 恤上的装饰线，要和已有的条纹图案在间距、方向和起伏上保持一致。裙子、皮带、手包和鞋上的高光也突显出来，增强体积感，规整边缘轮廓。沿着人物和服装一侧的边缘绘制背景来衬托人物主体。背景的笔触要有长短、宽窄的变化，可以使用方头马克笔，在绘制时转动笔尖角度来改变笔触形状，小心不要让背景的颜色污染到人物和服装。完善画面细节，完成绘制。

▼ 休闲装表现案例详解

休闲装的概念比较宽泛，服装款式的搭配和风格的展现也较为自由，能够表现出足够的时尚度和设计感。不论是以功能性为主的工装风格，以街头元素或亚文化为灵感的青年风格，还是日常服装和商务服装、传统民族服装、复古历史服装相混搭的风格，都可以归属为休闲装。因此在绘制休闲装时，一定要明确各设计元素间的主次关系，不管是以结构变化为主，还是以图案设计为主，避免因为设计元素过多而产生琐碎繁冗的感觉。

01 用铅笔绘制出模特的行走动态，肩部向左侧下压，胯部向左侧抬起，人体的重心线经过锁骨连线的中心点，落在支撑身体重量的左腿上，手臂前后摆动，与腿部的方向相反。右脚在后方抬起，注意小腿的透视关系。

02 细化出五官、发型及服饰轮廓，仔细整理领口、袖口、胸前及裆部的褶皱，表现出服饰与人体的空间关系。左侧裤腿因腿部动态产生隆起，注意用线条的穿插表现出褶皱变形和起伏的体积效果。画鞋子时要注意两脚不同的透视关系。

03 用针管笔勾画出皮肤的轮廓，用小楷笔明确五官、发型及服饰的款式结构和工艺细节。勾勒服饰的轮廓时，线条的粗细变化要鲜明，以表现出层次感。整理细化抹胸的抽褶，通过线条的弧度和疏密，表现出胸部凸起的立体感。

04 用浅肤色平铺出皮肤的底色，再叠色加深五官、前胸和四肢以表现出立体感，根据面部及人体的结构转折来用笔。面部在脖子处的投影及服饰在胸前和大腿处的投影也要适当加深。用深肤色加深皮肤的暗部以体现出立体感。用红色绘制嘴唇，用更深的肤色色号画出眉毛、眼睛、嘴巴和颧骨的投影，突出五官。绘制出瞳孔，并用高光笔点出瞳孔、鼻梁和下唇的高光。

05 用浅紫色绘制上衣的底色，肩头、领子及肩臂侧面等结构转折处和褶皱的凸起处适当留白高光。用同样的方法绘制出抹胸及项链，注意抹胸上的笔触线条要和褶皱方向保持一致，体现出立体感。用高光笔点出项链的高光，突出金属的质感。

06 用浅蓝紫色进一步叠色，加深服饰的暗部，并强调整理出褶皱的形状。用蓝紫色绘制出领口、肩臂侧面、腋下、底摆及纽扣等处投影的形状，使服装的款式及体积感更加明确，突出明暗对比。用深褐色绘制出纽扣的颜色，留出边缘高光的形状，突出立体感。用中灰色再次加重抹胸的暗部和外套在其上的投影。

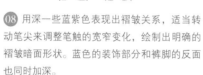

07 用灰紫色平铺出裤子的底色，并叠色加深腰部、侧面轮廓、裆部及裤脚等暗部。受腿部动态的影响，大腿根处褶皱复杂，此处根据褶皱的走向来用笔。用钴蓝色绘制裤脚的装饰部分，注意留白高光区域。

08 用深一些蓝紫色表现出褶皱关系，适当转动笔尖来调整笔触的宽窄变化，绘制出明确的褶皱暗面形状。蓝色的装饰部分和裤脚的反面也同时加深。

09 继续用普蓝色叠加暗部及阴影死角部分，刻画细小褶皱的形态，用不同的笔触形状表现出褶皱的起伏，裆部拉伸的褶皱产生的阴影面需要重点强调。用和抹胸同样的配色来绘制白色内衬部分，最后用桔黄色叠加出环境色。

10 用棕黄色绘制出上衣的格子花纹，可以借助方头马克笔的笔尖形状来绘制格纹，格纹的宽度和间距尽量均匀。根据褶皱的起伏绘制出相应错位的格纹线条，表现出服饰的体积感。绘制出格纹的基本图案后，加深格纹纵横交叠的部位，丰富格纹的层次变化。绘制格纹时要适当留白高光，不用画得太满，来突显夹克面料因质地挺括而产生的膨胀的体积感。

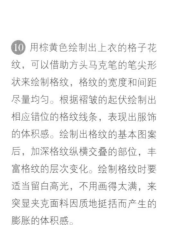
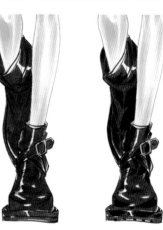

11 用红棕色铺陈出鞋子的底色，留白高光和边缘转折处，通过明确的高光形状塑造出鞋面、鞋头和鞋底等结构的转折变化。

12 叠色加深转折面和暗部，通过强烈的明暗对比表现出皮革的光泽感。同时，皮革材质较硬，笔触要肯定、明确。

⑬ 用蓝色及深灰色绘制出裤子内衬的条纹，注意根据褶皱
走向来改变笔触的方向。用高光笔绘制出服装和配饰的高光，
用笔要流畅肯定。用宽大笔触铺出背景，烘托画面效果，完
成绘制。

▼ 运动装表现案例详解

　　运动装是具有一定专业度的服装类别，可以细分为专业竞技运动装、极限运动装、户外装和休闲运动装等。近些年，运动已经成为一种时尚的生活方式，诸多国际大型运动赛事的举办更是使得运动健身成为全民热点。专业运动装在设计上有较高的技术要求和工艺要求，需要设计师具备人体工学、材料学等专业知识，但休闲运动装的设计就相对自由一些，可以灵活采用各式各样的设计元素。运动装的细节较多，有功能上的细节，如收口方式、扣合方式、结构设计等；有工艺上的细节，如激光镂空、贴边包缝等；还有辅料搭配上的细节，如调节扣、拉链、功能扣等。这些细节能鲜明地体现出运动装的特点，但同时也较为繁琐，在绘制时会耗费较多的时间和精力，设计师需要考虑设计的整体效果，选择性地添加细节。

01 用铅笔绘制出人物行走的动态。人物向右侧压肩，同时向右侧提胯，形成右侧紧凑、左侧舒展的身体节奏，在绘制时要保证透视准确、重心稳定。胸高点连线和肩点连线保持一致，呈右低左高的状态，手臂的透视关系也同肩部保持一致。左小腿抬起，踩地的右脚和下垂的左脚形成明显的对比。

02 细化出五官、发型等头部轮廓，并在人体基础上绘制出服装、鞋子及挎包的大致款式，整理线稿，将主要的褶皱绘制出来。领口系着丝巾、肘部系带以及裤脚处扎紧、堆叠，形成了大量复杂的褶皱关系。同时肘部因系带扎紧，使上臂袖子呈现膨胀状态，注意留出足够的松量。

03 用浅棕色针管笔对皮肤及五官部分进行勾线，并勾勒整理出头发的层次，要绘制出头顶呈球体的体积感，侧面头发的翘起和弯曲要表现出头发的蓬松感。用小楷笔勾勒服饰部分，表现出服饰的边缘轮廓、装饰细节和褶皱起伏。绘制时，服饰款式及结构轮廓的线条要肯定且粗一些，工艺细节和褶皱的线条稍微柔和且细一些。

04 用浅肤色为脸部及双手轻铺一层底色，在眼眶、鼻梁、鼻底、下巴、颧骨及耳朵与脸部交界处进行叠色，表现出面部的立体感。再用浅褐色绘制出头发底色，头顶的受光面要留白高光，表现出头部的体积感；耳朵两侧的发丝通过用笔的粗细和疏密变化，初步整理出前后的层次关系。

05 用深一号的肤色叠加皮肤的暗部，用橙红色加重眼眶的阴影并晕染出眼影，用浅蓝色绘制眼珠，用勾线笔绘制出瞳孔、眉毛和睫毛，勾勒眼眶、鼻孔和唇中缝，用朱红色过渡出嘴唇的深浅变化。最后用高光笔点出瞳孔、内眼角、鼻头及嘴唇的高光。

06 用深灰色叠加加深头发的暗部，笔触的方向要顺着发丝的方向来绘制，并通过控制笔触间的缝隙留白，表现出发丝的前后层次。

07 用黑色进一步叠色加深头发的暗部，细致刻画发丝的走向，表现出头发的厚度及层次感，强调明暗关系。注意头发和头顶之间的关系，头顶和覆盖在额头上的刘海蓬起处要注意留白，表现出球体的体积感。

08 用浅绿色为上衣和袜子薄薄地铺上大面积底色，用不同深浅的浅蓝色为衬衣及裤子大面积铺色，用深灰色绘制挎包的底色，并加深表现出转折结构。用非常浅的暖灰色绘制鞋子，鞋头凸起明显，要留白高光。

09 用中绿色加深领口、肩部、肘部、腰部、袖口等处的褶皱暗部，并绘制领子及肘部和腰部褶皱在衣身上的投影。用钴蓝色从暗部向亮部过渡出牛仔裤的中间色，牛仔面料较为挺括，褶皱的投影面积较大，转折也较为硬朗。

10 用黑色绘制颈部丝巾上的格纹，褶皱的叠压会对格纹形成一定的遮挡。用黑色强调挎包褶皱的形状，留白高光，表现出皮革的质感。绘制鞋袜，鞋子结构复杂，笔触的形状要符合结构转折。

⑪ 进一步整理强调整体服饰，包括鞋袜及挎包的明暗关系。用灰色强调牛仔裤的褶皱及投影形态，注意改变用笔力度，绘制出粗细变化的笔触线条。灰色的叠加改变了牛仔裤的固有色，表现出牛仔面料做旧的工艺。除了因为人体运动而产生的褶皱外，牛仔裤在接缝处也会产生很多细小的碎褶，这也是牛仔面料的特点之一，可以适当地添加碎褶，更生动具体地表现出面料的质感。

⑫ 用深灰色再次加深牛仔裤褶皱的阴影，增强褶皱的体积感。用高光笔为人物及服饰添加高光，尤其是皮包上的高光要适当强调。用黑色添加背景，烘托服饰的展示效果，完成绘制。

▼ 民族风服装表现案例详解

近年来，随着传统文化的不断发扬传承，民族风服装不再仅存于舞台、影视剧或是正式的礼仪场合，也越来越多地出现在日常生活中的方方面面。不论是复古的汉服还是新兴的国潮风格的服装，都体现了日益增强的民族自信心。民族风服装既可以采用传统服装的款式结构，也可以采用传统面料、图案或配色方案，将这些元素与流行时尚相结合，进行新的演绎，展现出全新的风貌。

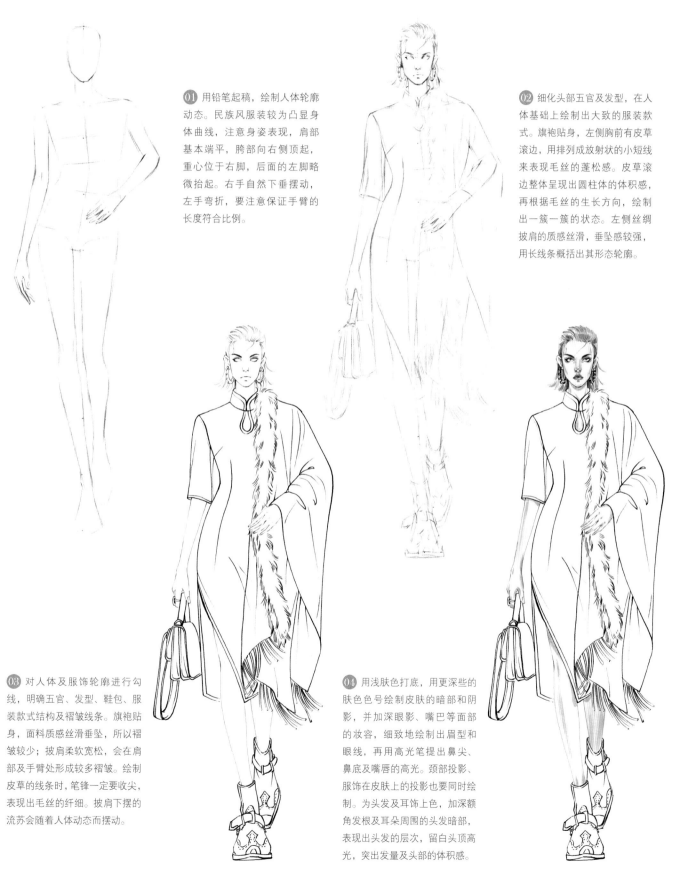

01 用铅笔起稿，绘制人体轮廓动态。民族风服装较为凸显身体曲线，注意身姿表现，肩部基本端平，胯部向右侧顶起，重心位于右脚，后面的左脚略微抬起。右手自然下垂摆动，左手弯折，要注意保证手臂的长度符合比例。

02 细化头部五官及发型，在人体基础上绘制出大致的服装款式。旗袍贴身，左侧胸前有皮草滚边，用排列成放射状的小短线来表现毛丝的蓬松感。皮草滚边整体呈现出圆柱体的体积感，再根据毛丝的生长方向，绘制出一簇一簇的状态。左侧丝绸披肩的质感丝滑，垂坠感较强，用长线条概括出其形态轮廓。

03 对人体及服饰轮廓进行勾线，明确五官、发型、鞋包、服装款式结构及褶皱线条。旗袍贴身，面料质感丝滑垂坠，所以褶皱较少；披肩柔软宽松，会在肩部及手臂处形成较多褶皱。绘制皮草的线条时，笔锋一定要收尖，表现出毛丝的纤细。披肩下摆的流苏会随着人体动态而摆动。

04 用浅肤色打底，用更深些的肤色色号绘制皮肤的暗部和阴影，并加深眼影、嘴巴等面部的妆容，细致地绘制出眉型和眼线，再用高光笔提出鼻尖、鼻底及嘴唇的高光。颈部投影、服饰在皮肤上的投影也要同时绘制。为头发及耳饰上色，加深额角发根及耳朵周围的头发暗部，表现出头发的层次，留白头顶高光，突出发量及头部的体积感。

05 用浅紫色大面积铺出旗袍底色，用平滑的笔触表现出面料丝滑的质感。加深刻画肩颈、手臂侧面、腋下、胸部、腰部及裙摆处的暗部阴影，概括出明暗关系，并通过贴合人体轮廓的笔触表现旗袍贴身的质感。

06 进一步整理明暗对比，用深紫色在手臂、腋下、身侧及裙摆的暗处，以笔尖轻扫的方式绘制出暗纹。同样通过调整笔触的方向来强调模特的身体曲线。

07 用蓝色勾画旗袍上的刺绣花纹及缒边，根据人体轮廓和褶皱起伏来按压笔尖，调整笔触的形态，使花纹产生相应的错位，表现出图案贴合布料的效果。再用蓝色加深暗部位置的花纹，表现出花纹和人体一致的明暗关系。

08 用浅橙色绘制出披肩的底色，注意留白高光区域。肘弯处的褶皱较多，根据褶皱起伏来改变用笔力度和方向，绘制出不同的笔触形态。叠色加深披肩的暗部及投影，初步表现出明暗关系。

09 用桔红色加深披肩的暗部形态，注意肩部、胸前及手臂上的褶皱笔触形状要贴合人体结构。垂坠部分的暗部褶皱，用平滑的长笔触绘制出面料丝滑的质感。流苏部分根据飘逸的状态排列线条，表现轻柔的质感。

10 用赭石色进一步加深暗部投影，强调披肩的褶皱起伏。用灰蓝色细致刻画皮草滚边，毛丝从中央向四周放射状分布，把握大的方向，适当穿插笔触，耐心整理皮草边缘的形状，同时要保证足够的留白面积来突显立体积感。

⑪ 用红色浅涂出手提包包体、包带和鞋头的皮革底色，再用深一号的红色叠色加深手提包和鞋头的暗部，强调明暗关系。再用黑色绘制鞋带装饰及鞋底，并留白高光形状。用中黄色绘制鞋带扣；用灰蓝色绘制鞋面，并相应加深暗部，突出明暗关系。用高光笔提亮手提包边缘结构及鞋头、鞋带扣等的高光，突出皮革的质感。

⑫ 继续用高光笔绘制整体服饰的褶皱边缘高光轮廓，丰富画面效果。最后用红色绘制出背景，衬托服饰风格，完成绘制。

应试时装画表现范例

附录 时装画作品范例